高职高专化工专业系列教材

（工作活页式）

土壤检测实训指导书

严燕　多杰措　主编
孙秀华　副主编

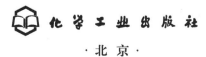
化学工业出版社

·北京·

内容简介

本书根据环境监测相关国家标准和职业岗位实际工作任务，结合环境监测与治理职业技能等级要求，以真实的岗位工作任务为依据设计学习情境，让学生在完成实训任务的过程中掌握基础理论知识，以及样品采集、前处理、分析检测、数据处理和评价的操作技能。

本书可作为环境监测与评价、环境监测与治理、农业环境技术等环境类专业教材，也可供相关工程技术人员参考。

图书在版编目（CIP）数据

土壤检测实训指导书/严燕，多杰措主编 . —北京：
化学工业出版社，2023.12（2025.7重印）
高职高专化工专业系列教材
ISBN 978-7-122-44274-1

Ⅰ.①土… Ⅱ.①严… ②多… Ⅲ.①土壤分析-高等
职业教育-教材 Ⅳ.①S151.9

中国国家版本馆 CIP 数据核字（2023）第 187708 号

责任编辑：潘新文　李植峰　　　　　　装帧设计：韩　飞
责任校对：宋　夏

出版发行：化学工业出版社
　　　　　（北京市东城区青年湖南街 13 号　邮政编码 100011）
印　　装：北京科印技术咨询服务有限公司数码印刷分部
787mm×1092mm　1/16　印张 8　字数 82 千字
2025 年 7 月北京第 1 版第 2 次印刷

购书咨询：010-64518888　　　　　　　　售后服务：010-64518899
网　　址：http://www.cip.com.cn
凡购买本书，如有缺损质量问题，本社销售中心负责调换。

定　　价：32.00 元　　　　　　　　　　版权所有　违者必究

前　言

　　本书在对环境监测技术相关职业工作岗位调研和分析的基础上，结合专业基础理论，针对环境监测技术专业高职学生培养目标，制定出相关土壤检测实训内容。

　　土壤检测分析是环境监测技术专业的一门核心课。本书根据环境监测相关国家标准和职业岗位实际工作任务，结合环境监测与治理职业技能等级要求，以真实的岗位工作任务为依据设计学习情境，让学生在完成实训任务的过程中不仅掌握基础理论知识，也掌握样品采集、前处理、分析检测、数据处理和评价等实际技能，以培养学生诚实守信的职业态度和沟通协作的团队意识，使其成为能吃苦耐劳的技术技能型人才。

　　本书采用工作活页式排版。本书共包含 11 项实训任务，主要内容包括土壤样品采集、制备及吸湿性测定、土壤容重的测定、土壤 pH 值的测定（电极法）、土壤中氯离子含量的测定、土壤中铜、锌、铬含量的测定、土壤中全氮含量的测定（凯氏定氮法）、土壤中镉、铅含量的测定（火焰原子吸收法）、土壤中汞、砷含量的测定（原子荧光光谱法）、土壤中有效磷含量的测定（紫外可见分光光度计法）、土壤中有机氯农药残留量的测定（气相色谱法）、土壤中有机磷类农药残留量的测定（气相色谱-质谱法）等内容。每个实训任务包括任务导入、任务准备、任务执行、任务分析报告和任务评分细则五部分，其中任务执行是每个实训任务的核心内容。

本书由青海柴达木职业技术学院的严燕、青海大学的多杰措任主编，全面负责组织教材的编写工作，并负责统稿。青海柴达木职业技术学院的孙秀华担任副主编，主要负责把握书稿的定位和结构，同时参与部分稿件的编写工作。另外，拉毛、祁芬兰、王延花、严亚萍、更尕桑毛作为参编对本书的编辑工作给予了诸多帮助，北京华科易汇科技股份有限公司的魏文佳对于本书的大纲和逻辑结构的确定给予了诸多指导。本书在编写过程中参考了相关文献和资料，在此对相关作者表示感谢。由于编者水平有限，书中难免有不足之处，敬请读者批评指正。

编者

2023 年 9 月

目 录

实训任务一

土壤样品采集、制备及吸湿性测定

一、任务导入

土壤样品采集是土壤检测的基础，土壤样品若采集期间存在问题，会使后续检测结果存在偏差。做好土壤样品采集与制备工作十分重要，需要根据不同的检测任务，选择具有代表性的样品采样点，并用不同的采样方法和制备方法。

学习土壤样品的采集与制备是为土壤理化性质分析做准备，所以，需熟悉土壤样品采集与制备的基本原理，掌握正确的采样方法与制备方法。

风干的土壤都含有吸湿水，其含量视大气湿度及土壤性质而异。为了能在样品含水量一致的基础上比较其理化性质，使整个检测得到合理的相对性数值，在进行各物质含量测定前，必须测定土壤吸湿水的含量，再由风干土重换算成烘干土的重量。

通过本任务的学习完成以下目标。

① 了解土壤样品采集与制备的方法。

② 理解土壤的理化性质。

③ 正确使用采样工具。

④ 掌握正确采集样品的方法及制备的基本过程。

⑤ 掌握正确测定土壤样品吸湿性的方法。

二、任务准备

1. 采集对象

校园环境中的土壤样品。

2. 实验仪器

① 土铲。

② 铁锹。

③ 塑料布/塑料袋。

④ 卷尺。

⑤ 全球定位系统（global positioning system，GPS）。

⑥ 照相机。

⑦ 铝盒（图 1-1）。

⑧ 过筛用尼龙筛（2～100 目），磨样用白色瓷研钵。

⑨ 样品标签。

⑩ 采样记录表。

⑪ 笔。

⑫ 资料夹。

图 1-1　铝盒

3. 安全防护用具

工作服、工作鞋、安全帽。

4. 采样时间

① 自然植被下土壤，全年可采集。

② 采集作物收获后或者种植前的土壤。

③ 采集自然湿地表层水落干后的土壤。

三、任务执行

1. 样品采集

（1）样品采集量

样品采集量需根据具体实训目的确定。通常情况下，每个样品约500g。本实训采集混合样品，并用对角线法取样。采集时应尽量照顾到采集对象的全面情况，不可太集中，应避开路边、地角和堆积过肥料的土壤。

（2）采集过程

在确定的采样点，先用小土铲去掉表层3mm左右的土壤，然后倾斜向下切取一片片的土壤，将各采样点土壤集中一起混合均匀，按需要量装入袋中带回实验室。

（3）采样方法

根据实训或者研究目的，确定采样方法，采样方法主要包括以下几种。

① 对角线采集法，适用于正方形地块，由地块进水口向出水口引一条对角线，至少5等分，以每等分点为采样分点。

② 棋盘式采样法。将所检测的地块均匀地划成许多小区块，形如棋盘方格，然后将取样点均匀分配在地块的一定区块上。这种取样方法，多用于分布均匀的病虫害调查，能获得较为可靠的数据。

③ 蛇形采样法，适应于面积较小地形不太平坦、土壤不够均匀、须取较多采样点的地块。深度视采样目的而定，一般采耕层为0～20cm。

2. 样品制备

（1）风干

自然风干，需避免阳光直接暴晒，置室内阴凉处，将大块土块捏碎，并除去石块、植物残体、新生体等杂物。

（2）磨碎并过筛

将土壤样品在磨土板上用木棍轻轻碾碎，过 2mm 筛（10目），反复进行，直至所有样品全部过筛；该方法处理好后的土样可用于后续任务。

3. 测定步骤

本实训土壤样品为风干后的土壤。将铝盒和盖子于（105±5)℃下烘干 1h，稍冷，盖好盖子，然后置于干燥器中至少冷却 45min，测定带盖容器的质量（m_0），精确至 0.01g。用样品勺将 10～15g 上述制备好的样品转移至已称重的具盖容器中，盖上容器盖，测定总质量（m_1），精确至 0.01g。取下容器盖，将容器和风干土壤试样一并放入烘箱中，在（105±5)℃下烘干至恒重，同时烘干容器盖。盖上容器盖，置于干燥器中至少冷却 45min，取出后立即测定带盖容器和烘干土壤的总质量（m_2），精确至 0.01g。

4. 结果与计算

土壤吸湿水含量计算公式为

$$w_{H_2O} = \frac{(m_1 - m_0)}{(m_2 - m_0)} \times 100\%$$

式中　　w_{H_2O}——土壤样品中吸湿水的含量，%；

　　　　m_0——烘干后带盖空容器质量，g；

　　　　m_1——带盖容器及风干土壤试样或带盖容器及新鲜土壤试样的总质量，g；

　　　　m_2——带盖容器及烘干土壤的总质量，g。

四、任务分析报告

请根据实训任务的过程和结果填表 1-1 的内容。

表 1-1　任务分析报告

小组成员：					
采样地点			东经		北纬
样品编号			采样日期		
样品类别			采样人员		
采样层次			采样深度/cm		
样品描述	土壤颜色：		植物根系		
	土壤质地：		砂砾含量		
	土壤湿度：		其他异物		
采样点示意图					
土壤样品为（　　）新鲜样品（　　）风干后样品　　　（在对应样品前打对勾）					
样品制备时过筛目数					
容器烘干温度 $T/\text{℃}$			容器烘干时间 $t/\min$		
烘干后带盖空容器质量 m_0/g					
风干(新鲜)土样与带盖容器总质量 m_1/g					
烘干后土样与带盖容器总质量 m_2/g					
土壤吸湿水含量/%					
结果分析					
实训总结与反思					

五、任务评分细则

请根据实训任务的结果进行自我评分、小组评分和教师评分，并将相应的结果填入表 1-2 中。

表 1-2　任务评分细则表

实训名称				姓名		
类别	评价要求	分值	评分细则	自我评分	小组评分	教师评分
任务准备	按时到岗	5	执行任务期间不迟到，不早退，不旷课			
	任务相关物品准备	5	任务相关用具及学习用品准备齐全			
	台面、地面整洁	5	实训任务相关台面、地面保持整洁，无杂物			
	小组分工	5	小组分工明确，主动与成员交流，合作完成任务，小组之间相互帮助			
任务执行	正确设计采样点位	5	能依照要求正确布设采样点位			
	正确进行采样	10	采集工具选择、工具使用、采集样品保存、标签记录、采集样品量均正确得满分，一项不合格扣 2 分，扣完为止			
	分析报告填写完整	10	报告字迹清晰，记录完整，书写准确			
	安全防护用具穿戴整齐	10	按具体实训要求穿戴完整安全防护用具			
	样品处理准确	5	样品风干、过筛步骤正确			
	吸湿水含量计算无误	10	计算公式运用正确，单位换算正确			

续表

类别	评价要求	分值	评分细则	自我评分	小组评分	教师评分
任务完成情况	按时提交任务分析报告	5	任务结束后分析报告各项内容不缺项,结果准确,分析到位			
	任务结束后所涉及物品均完好且归原位	5	采样工具、安全防护用具等实训器材完好,尽数归原位			
	任务完成程度	5	任务全部完成			
	任务总结提交情况	5	工考题及时完成,总结按时提交			
	结果分析正确	10	吸湿水含量结果分析无误,无随意更改数据、编造数据			
共计		100分	总分			
评价过程中各项占比:自我评分20%;小组评分30%;教师评分50%						
本人姓名		小组成员		教师签字		
任务完成时间:						

直击工考

1. 选择题

(1) 根据《土壤环境监测技术规范》(HJ/T 166—2004) 在进行土壤样品保存时,检测取用后的剩余样品一般保留 (　　) 年。

　　A. 0. 5　　　　　　　　　B. 1

　　C. 1. 5　　　　　　　　　D. 2

(2) 由于土壤组成的复杂性和理化性状的差异,重金属在土壤环境中形态具有多样性，其中以有效态和（　　）的毒性最大。

　A. 残留态　　　　　　　B. 结合态

　C. 交换态　　　　　　　D. 游离态

（3）根据《土壤环境监测技术规范》（HJ/T 166—2004）的规定，土壤监测中常规项目可根据实际情况适当降低监测频次，但不得低于（　　）年一次。

　A. 2　　　　　　　　　B. 3

　C. 4　　　　　　　　　D. 5

（4）在进行区域土壤环境背景调查采样时，一般采集表层样，采样深度为（　　）cm。

　A. 0～10　　　　　　　B. 10～20

　C. 0～20　　　　　　　D. 0～60

（5）在进行区域土壤环境背景调查采样时，若需采集土壤剖面样，则应先采剖面（　　）的样品。

　A. 上层　　　B. 中层　　　C. 底层

2. 填空题

（1）土壤样品采集的布点方法有（　　）、（　　）、（　　）、（　　）四种。

（2）对于制备好的一般固体废物样品，有效保存期为（　　）。

（3）一般监测采集表层土采样深度为（　　），剖面深度为（　　）。

（4）土壤采样点可采（　　）或（　　）。

（5）对于易分解或易挥发等不稳定组分样品要采取（　　）的运输方法。

3. 简答题

（1）在进行农田土壤环境调查时，采集混合样的布点方法有哪几种？简述每种方法的适用范围。

（2）土壤样品加工处理的目的是什么？

一、任务导入

土壤容重是指单位容积原状土壤干土的质量，通常以 g/cm^3 表示。孔隙度是指单位容积土壤中孔隙所占的百分率。土壤容重能反映土壤结构、透气性、透水性能及保水能力，一般耕作层土壤容重为 $1\sim1.3g/cm^3$，土层越深则容重越大，可达 $1.4\sim1.6g/cm^3$。土壤容重越小说明土壤结构、透气透水性能越好。测定土壤容重通常用环刀法，此外，还有蜡封法、水银排出法、填砂法和射线法（双放射源）等，蜡封法和水银排出法主要测定一些呈不规则形状的坚硬和易碎土壤的容重。

通过本任务的学习完成以下目标。

① 理解土壤容重的概念。

② 掌握使用环刀采集土壤样品的方法。

③ 掌握土壤容重的测定步骤。

二、任务准备

1. 实验仪器

① 环刀（$100cm^3$）（图 2-1）。

② 天平。

③ 烘箱。

④ 环刀托。

⑤ 削土刀。

⑥ 干燥器。

⑦ 小铁铲及铝盒。

2. 安全防护用具

实训服和橡胶手套。

图 2-1　环刀

三、任务执行

1. 实训原理

用一定容积的钢制环刀切割自然状态下的土壤，使土壤恰好充满环刀容积，然后称量，并根据土壤自然含水率计算每单位体积的烘干土重，即土壤容重。

2. 测定步骤

在室内先称量环刀（连同底盘、垫底滤纸和顶盖）的重量，环刀容积一般为 $100cm^3$。

将已称量的环刀带至校园中采样点采样。采样前，将采样点土面铲平，去除环刀两端的盖子，再将环刀（刀口端向下）平稳压入土壤中，切忌左右晃动。在土柱冒出环刀上端后，用铁铲挖取周围土壤，取出充满土壤的环刀，用锋利的削土刀削去环刀两端多余的土壤，使环刀内的土壤体积恰为环刀的容积。在环刀刀口垫上滤纸，并盖上底盖，环刀上端盖上顶盖，擦去环刀外的泥土，立即带回实训室称重（精确至 0.01g）。

在紧靠环刀采样处，再采土样 10～15g，装入铝盒带回实训室内测定土壤含水量。

本实训样品进行两次平行测定，取算术平均值，保留两位小数。两次平行测定结果允许误差为±0.03g/cm³。

3. 结果与计算

土壤容重按下式计算：

$$\rho_B = \frac{m_2 - m_1}{V}$$

式中　　ρ_B——土壤容重，g/cm³；

　　　　m_1——环刀质量，g；

　　　　m_2——环刀与烘干土样总质量，g；

　　　　V——环刀容积，cm³。

四、任务分析报告

请根据实训任务的过程和结果填表 2-1 的内容。

表 2-1　任务分析报告

小组成员：				
采样地点		东经		北纬
样品编号		采样日期		
样品类别		采样人员		
采样层次		采样深度/cm		
实训原理				
实训步骤				
样品测定次数	1		2	
环刀容积				
环刀质量 m_1/g				

续表

环刀与烘干土样总质量 m_2/g		
土壤容重 /(g/cm³)		
土壤容重平均值 /(g/cm³)		
土壤容重误差 /(g/cm³)		
结果分析		
实训总结与反思		

五、任务评分细则

请根据实训任务的结果进行自我评分、小组评分和教师评分，并将相应的结果填入表2-2中。

表2-2　任务评分细则表

实训名称				姓名		
类别	评价要求	分值	评分细则	自我评分	小组评分	教师评分
任务准备	按时到岗	5	执行任务期间不迟到，不早退，不旷课			
	任务相关物品准备	5	任务相关用具及学习用品准备齐全			
	台面、地面整洁	5	实训任务相关台面、地面保持整洁,无杂物			
	小组分工	5	小组分工明确,主动与成员交流,合作完成任务,小组之间相互帮助			

类别	评价要求	分值	评分细则	自我评分	小组评分	教师评分
任务执行	正确设计采样点位	5	能依照要求正确布设采样点位			
	正确进行采样	10	采集工具选择、工具使用、采集样品保存、标签记录、采集样品量均正确得满分,一项不合格扣2分,扣完为止			
	分析报告填写完整	10	报告字迹清晰,记录完整,书写准确			
	安全防护用具穿戴整齐	10	按具体实训要求穿戴完整安全防护用具			
	样品处理准确	5	环刀等工具使用正确,无不当损坏,样品及时带至实训室			
	容重计算无误	10	计算公式运用正确,单位换算正确			
任务完成情况	按时提交任务分析报告	5	任务结束后分析报告各项内容不缺项,结果准确,分析到位			
	任务结束后所涉及物品均完好且归原位	5	采样工具、安全防护用具等实训器材完好,尽数归原位			
	任务完成程度	5	任务全部完成			
	任务总结提交情况	5	工考题及时完成,总结按时提交			
	结果分析正确	10	容重公式应用准确,结果分析无误,无随意更改数据、编造数据			
共计		100分	总分			
评价过程中各项占比:自我评分20%;小组评分30%;教师评分50%						
本人姓名		小组成员		教师签字		
任务完成时间:						

16

直击工考

1. 选择题

（1）样品采集后，为便于检测和保存，需干燥处理，样品干燥方法为（　　）。

　　A. 风干　　　B. 晒干　　　C. 烘干　　　D. 焙干

（2）样品交接时，（　　）。

　　A. 送样者应向样品管理员打招呼，确保样品交接顺利完成

　　B. 送样者应电话通知样品管理员核实清点，防止样品丢失

　　C. 送样者应要求样品管理员核实清点，防止样品丢失

　　D. 送样者与样品管理员同时核实清点，交接样品，在样品交接单上双方签字确认

（3）样品过多时，可采用四分法取舍，四分法的正确做法是（　　）。

　　A. 用分析天平，随机称取样品总重的 1/4

　　B. 将土壤掰碎、混匀，摊成厚薄一致的正方形，画对角线，任意留取 2 份

　　C. 将土壤掰碎、混匀，摊成厚薄一致的正方形，画对角线，留取对角的 2 份

　　D. 将土壤掰碎、混匀，摊成厚薄一致正方形，画对角线，留取相邻的 2 份

（4）土壤样品制作过程中，用于细磨的样品再用四分法分

成 2 份，一份研磨到全部过孔径（　　）筛，用于土壤农药、有机质或全氮量等项目检测。

　　　A. 40 目　　　B. 60 目　　　C. 80 目　　　D. 100 目

（5）在进行土壤环境监测布点时，一般要求每个监测单元最少设（　　）个采样点。

　　　A. 2　　　　　B. 3　　　　　C. 4　　　　　D. 5

2. 填空题

（1）五大成土因素是指（　　）、（　　）、（　　）、（　　）、（　　），其中（　　）是主导因素。

（2）若土壤的容重为 $1.325g/cm^3$，含水量为 20%，则土壤的孔隙度为（　　）。

（3）良好的土壤结构性，实质上是指具有良好的空隙性，既要求（　　），而且（　　）。

（4）土壤容重是田间自然垒结状态下单位容积土体（　　）的质量，单位为（　　）。

（5）根据土壤水分所受力的作用，土壤水分类型分为（　　）、（　　）、（　　）。

3. 简答题

（1）土壤孔隙的类型有哪些？各类型孔隙分别具有什么性质？

（2）土壤的基本粒级有哪些？各粒级的组成和性质如何？

实训任务三

土壤pH值的测定（电极法）

一、任务导入

土壤 pH 值亦称土壤酸碱值，是土壤酸碱度的衡量标准，通常用以衡量土壤酸碱反应的强弱，主要由氢离子和氢氧根离子在土壤溶液中的浓度决定。pH 值在 6.5～7.5 的为中性土壤；6.5 以下为酸性土壤；7.5 以上为碱性土壤。土壤酸碱度一般分 7 级。

土壤 pH 值是土壤酸碱度的强度指标，是土壤基本性质之一和肥力的重要影响因素，它直接影响土壤养分的存在状态、转化和有效性，从而影响植物的生长发育。土壤 pH 值易于测定，常用作土壤分类、利用、管理和改良的重要参考。在土壤理化分析中，土壤 pH 值与很多项目的分析方法和分析结果有密切关系，因而是验证其他项目结果的一个依据。

通过本任务的学习完成以下目标。

① 掌握土壤酸碱性的概念。

② 能正确测定土壤酸碱性。

③ 会规范操作 pH 酸度计。

二、任务准备

1. 实验仪器

① pH 酸度计（图 3-1）。

② pH 复合电极（图 3-2）；磁力搅拌器。

③ 烧杯。

④ 玻璃棒。

2. 试剂材料

① 蒸馏水。

图 3-1　pH 酸度计

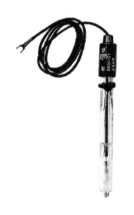

图 3-2　pH 复合电极

② 邻苯二甲酸氢钾（$KHC_8H_4O_4$）。

③ 磷酸二氢钾（KH_2PO_4）。

④ 无水磷酸氢二钠（Na_2HPO_4）。

⑤ 四硼酸钠（$Na_2B_4O_7$）。

⑥ pH 值 4.01（25℃）标准缓冲溶液：$c(KHC_8H_4O_4)=$ 0.05mol/L。称取 10.12g 邻苯二甲酸氢钾，溶于水中，于 25℃下在容量瓶中稀释至 1L。

⑦ pH 值 6.86（25℃）标准缓冲溶液：$c(KH_2PO_4)=$

0.025mol/L，$c(Na_2HPO_4)=0.025mol/L$。分别称取 3.387g 磷酸二氢钾和 3.533g 无水磷酸氢二钠，溶于水中，于 25℃ 下在容量瓶中稀释至 1L。

⑧ pH 值 9.18（25℃）标准缓冲溶液：$c(Na_2B_4O_7)=0.01mol/L$。称取 3.80g 四硼酸钠，溶于水中，于 25℃ 下在容量瓶中稀释至 1L，在聚乙烯瓶中密封保存。

上述 pH 标准缓冲溶液于冰箱中 4℃ 冷藏可保存 2~3 个月，发现有浑浊、发霉或沉淀等现象时，不能继续使用。

3. 安全防护用具

实训服、橡胶手套、护目镜等。

三、任务执行

1. 实训原理

以水为浸提剂，水土比为 2.5：1，将指示电极和参比电极（或 pH 复合电极）浸入土壤悬浊液时，构成一原电池，在一定的温度下，其电动势与悬浊液的 pH 值有关，通过测定原电池的电动势即可得到土壤的 pH 值。

2. 测定步骤

（1）土壤试样制备

称取 10.0g 任务一中的土壤样品置于 50mL 的高型烧杯或其他适宜的容器中，加入 25mL 蒸馏水。将容器用封口膜或保鲜膜密封后，用磁力搅拌器剧烈搅拌 2min 或用水平振荡器剧烈振荡 2min，静置 30min，在 1h 内完成测定。

（2）pH 酸度计校准

将"pH-mV"开关拨到"pH"位置。打开电源开关，指示灯亮，预热 30min。取下放蒸馏水的烧杯，并用滤纸轻轻吸去玻璃电极上的多余水分。在烧杯内加入已知 pH 值的标准缓冲溶液。将电极浸入。注意使玻璃电极端部小球和甘汞电极的毛细孔浸在溶液中，轻轻摇动烧杯使电极所接触的溶液均匀。根据标准缓冲液的 pH 值，将量程开关拧到 0～7 或 7～14 处。调节控温钮，使旋钮指示的温度与室温相同。调节零点，使指针指在 pH 值 7 处。轻轻按下或稍许转动读数开关使开关卡住。调节定位旋钮，使指针恰好指在标准缓冲液的 pH 数值处。放开读数开关，重复操作，直至数值稳定为止。校正后，切勿再旋动定位旋钮，否则需重新校正。取下标准液烧杯，用蒸馏水冲洗电极。

注：pH 酸度计的校准可根据实验室实际 pH 酸度计操作规程进行。

（3）测定

将电极插入静置 30min 后的试样悬浊液，电极探头浸入液面下悬浊液垂直深度的 1/3～2/3 处，轻轻摇动试样。待读数稳定后，记录 pH 值。每个试样测完后，立刻用水冲洗电极，并用滤纸将电极外部水分吸干，再测定下一个试样。

测定结果保留至小数点后两位。当读数小于 2.00 或大于 12.00 时，结果分别表示为 pH<2.00 或 pH>12.00。

本实训要求每个样品平行测定三次样。平行测定结果的允许差值为 0.3 个 pH 单位。

四、任务分析报告

请根据实训任务的过程和结果填表 3-1 的内容。

表 3-1　任务分析报告

小组成员：						
样品采集记录	采样地点			东经		北纬
	样品编号			采样日期		
	样品类别			采样人员		
	采样层次		采样深度/cm			
	实训原理					
溶液配制	溶液名称	药品			称量质量/g	
	pH 值 4.01 标准缓冲溶液					
	pH 值 6.86 标准缓冲溶液					
	pH 值 9.18 标准缓冲溶液					
土壤样品制备	称取土样质量/g	样品 1	样品 2	样品 3	备用	
土壤样品测定	土壤样品 pH 值					
	土壤 pH 值平均值					
	土壤样品平行测定 pH 值差值($pH_{max} - pH_{min}$)					
	结果分析					
	实训总结与反思					

五、任务评分细则

请根据实训任务的结果进行自我评分、小组评分和教师评分，并将相应的结果填入表 3-2 中。

表 3-2　任务评分细则表

实训名称				姓名		
类别	评价要求	分值	评分细则	自我评分	小组评分	教师评分
任务准备	按时到岗	5	执行任务期间不迟到，不早退，不旷课			
	任务相关物品准备	5	任务相关用具及学习用品准备齐全			
	台面、地面整洁	5	实训任务相关台面、地面保持整洁，无杂物			
	小组分工	5	小组分工明确，主动与成员交流，合作完成任务，小组之间相互帮助			
任务执行	正确设计采样点位	5	能依照要求正确布设采样点位			
	缓冲溶液配制正确	10	正确使用电子天平；正确清洗相关玻璃仪器；正确转移溶液；正确容量瓶试漏；容量瓶平摇动作准确；正确定容至刻度线；正确摇匀；标签及时标注；配制药品桌面摆放整齐；废液按要求及时清理存放			
	分析报告填写完整	10	报告字迹清晰，记录完整，书写准确			
	安全防护用具穿戴整齐	10	按具体要求穿戴完整安全防护用具			

续表

类别	评价要求	分值	评分细则	自我评分	小组评分	教师评分
任务执行	正确操作 pH 酸度计	5	pH 酸度计的正确标定,正确测定土壤样品,pH 酸度计正确清洗			
	pH 值差值	10	差值≤0.3,不扣分 0.4<差值≤0.3,扣 2 分 0.5<差值≤0.4,扣 4 分 0.6<差值≤0.5,扣 6 分 0.6<差值,扣 10 分			
任务完成情况	按时提交任务分析报告	5	任务结束后分析报告各项内容不缺项,结果准确,分析到位			
	任务结束后所涉及物品均完好且归原位	5	采样工具、安全防护用具等实训器材完好,尽数归原位			
	任务完成程度	5	任务全部完成			
	任务总结提交情况	5	工考题及时完成,总结按时提交			
	结果分析正确	10	酸碱度结果分析无误,无随意更改数据、编造数据			
共计		100 分	总分			
评价过程中各项占比:自我评分 20%;小组评分 30%;教师评分 50%						
本人姓名		小组成员		教师签字		
任务完成时间:						

直击工考

1. 判断题

（1）测定森林土壤 pH 值时，土壤样品须通过 1mm 筛孔；测定一般土壤的 pH 值时，土壤样品需通过 2mm 筛孔。（　　）

（2）测定一般土壤 pH 值时，水土比应固定不变，以 1∶1 或 2.5∶1 为宜。　　　　　　　　　　　　（　　）

（3）在土壤样品监测过程中，当出现停水、停电、停气等，凡影响到检测质量时，全部样品需重新测定。（　　）

（4）土壤 pH 值是土壤重要的理化指标。（　　）

2．填空题

（1）土壤潜性酸包括（　　）和（　　），其中（　　）更能代表潜性酸度。

（2）影响土壤阳离子交换量的因素是（　　）、（　　）、（　　）、黏土矿物类型。

（3）酸性土的指示植物有（　　）、（　　）、（　　）、（　　）。

（4）影响土壤微量元素有效性的因素是（　　）、（　　）、（　　）、（　　）。

3．选择题

（1）用 pH 试纸测定溶液酸碱度的正确操作是（　　）。

　　A．把试纸浸在待测液中

　　B．用玻璃棒蘸取待测液滴在试纸上

　　C．把待测液倒在试纸上

　　D．把试纸放在待测液上方，让待测液蒸气熏试纸

（2）某溶液的 pH 值为 4，要使这种溶液的 pH 值升高到 10，可采取的措施是（　　）。

　　A．加入适量的盐酸

　　B．加入适量的稀硫酸

　　C．加入适量的氢氧化钠溶液

　　D．通入大量的二氧化碳气体

4. 简答题

（1）简述我国土壤酸碱度分布状况，造成这种土壤酸碱度差异的原因是什么？

（2）简述影响土壤氧化还原电位的因素。

土壤中氯离子含量的测定

一、任务导入

　　土壤作为生命的基石，其中所含有的各种元素和化学物质对植物的生长与繁衍有着重要作用。土壤中氯离子的含量受到许多影响因素的制约，如土壤类型、土壤 pH 值、气候条件等，这些因素对氯离子的存在形式和数量都会产生不同的影响。

　　氯离子浓度过低或过高都会对植物的生长产生不利的影响。例如，土壤中的氯离子含量过低，便会导致植物的生长受到限制，其主要表现为叶片变黄、萎缩、枯死等现象。因此，对于不同的土壤类型和作物品种，需要根据具体情况灵活调整使用氯肥的量和其他元素肥料的类型和用量，以达到最佳效果。

　　通过本任务的学习完成以下目标。

　　① 了解氯离子含量对土壤性质的影响。

　　② 掌握硝酸银滴定法的原理。

　　③ 掌握滴定管的正确操作。

　　④ 正确判断滴定的终点。

二、任务准备

1. 实验仪器

　　① 50mL 酸碱通用滴定管，如图 4-1 所示。

　　② 250mL 锥形瓶。

　　③ 500mL 塑料瓶。

　　④ 100mL 量筒。

　　⑤ 25mL 移液管。

　　⑥ 橡皮塞。

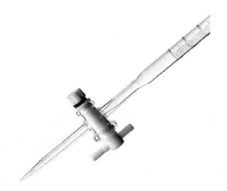

图 4-1　50mL 酸碱通用滴定管

⑦ 电子天平。

2. 试剂材料

（1）0.02mol/L 硝酸银标准溶液：准确称取 3.398g 硝酸银（经 105℃烘 0.5h）溶于水，转入 1L 容量瓶，定容，储于棕色瓶中。必要时可用氯化钠标准溶液标定。

（2）5%（m/V）铬酸钾指示剂：称取 5.0g 铬酸钾，溶于约 40mL 水中，滴加 1mol/L 硝酸银溶液至刚有砖红色沉淀生成为止，放置过夜后，过滤，滤液稀释至 100mL。

滴定管读数方法如图 4-2 所示。

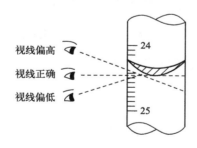

图 4-2　滴定管读数

3. 安全防护用具

实训服和一次性橡胶手套。

31

三、任务执行

1. 实训原理

在 pH 值 6.5～10.0 的溶液中，以铬酸钾作指示剂，用硝酸银标准溶液滴定氯离子。在滴定前，银离子首先与氯离子作用生成白色氯化银沉淀，而在滴定后，银离子与铬酸根离子作用生成砖红色铬酸银沉淀，指示达到终点。由消耗硝酸银标准溶液量计算出氯离子含量。

2. 测定步骤

① 称取通过 2mm 筛孔风干的土壤样品 50g（精确到 0.01g），放入 500mL 塑料瓶中，加入 250mL 无二氧化碳蒸馏水。

② 将塑料瓶用橡皮塞塞紧后在振荡机上振荡 3min。

③ 振荡后立即抽气过滤，开始滤出的 10mL 滤液弃去，以获得清亮的滤液，加塞备用。

④ 吸取待测滤液 25.00mL 放入 250mL 锥形瓶中，滴加 5％铬酸钾指示剂 8 滴，在不断摇动下，用硝酸银标准溶液滴定至出现砖红色沉淀且经摇动不再消失为止。记录消耗硝酸银标准溶液的体积（V）。取 25.00mL 蒸馏水，同上法做空白实验，记录消耗硝酸银标准溶液体积（V_0）。

3. 结果与计算

土壤中氯离子含量的测定计算见如下公式：

$$w(\mathrm{Cl}^-)=\frac{c\times(V-V_0)\times D}{m}\times1000$$

式中　$w(\mathrm{Cl}^-)$——土壤中氯离子含量，mmol/kg；

V 和 V_0——滴定待测液和空白消耗硝酸银标准溶液的

体积，mL；

c——硝酸银标准溶液浓度，mol/L；

D——分取倍数，250/25；

m——称取试样质量，g，本实训中为50g。

四、任务分析报告

请根据实训任务的过程和结果填表 4-1 的内容。

表 4-1　任务分析报告

姓名		班级		组别			
实训日期		组员					
称取土样质量 m/g							
试剂配制		溶液			配置过程		
		0.02mol/L 硝酸银标准溶液					
		5%（m/V）铬酸钾指示剂					
滴定过程	硝酸银溶液标定	测定次数	1	2	3	备用	
		滴定管初读数/mL					
		滴定管终读数/mL					
		滴定消耗体积/mL					
		硝酸银溶液浓度/(mol/L)					
	土壤中氯离子含量测定	测定次数	1	2	3	备用	
		滴定管初读数/mL					
		滴定管终读数/mL					
		滴定消耗体积/mL					
		硝酸银溶液浓度/(mol/L)					
		极差/%					
结果分析							
实训总结与反思							

五、任务评分细则

请根据实训任务的结果进行自我评分、小组评分和教师评分，并将相应的结果填入表4-2中。

表4-2　任务评分细则表

实训名称					姓名		
类别	评价要求	分值	评分细则		自我评分	小组评分	教师评分
任务准备	按时到岗	5	执行任务期间不迟到，不早退，不旷课				
	任务相关物品准备	5	任务相关用具及学习用品准备齐全				
	台面、地面整洁	5	实训任务相关台面、地面保持整洁，无杂物				
	小组分工	5	小组分工明确，主动与成员交流，合作完成任务，小组之间相互帮助				
任务执行	称量	5	正确使用电子天平进行称量，天平未调零或调水平直接进行称量者扣除5分				
	数据记录及时	10	称量过程中数据记录准确，不缺少单位，保留小数点位数准确				
	标定步骤	10	滴定管正确润洗、调零、试漏、排气泡、正确读数；体积保留正确小数点位数；移液管正确润洗、竖直使用，不吸空；以上错一项扣2分；扣完为止				
	滴定步骤	10	滴定管正确润洗、调零、试漏、排气泡、正确读数；体积保留正确小数点位数；移液管正确润洗、竖直使用，不吸空；以上错一项扣2分；扣完为止				

续表

类别	评价要求	分值	评分细则	自我评分	小组评分	教师评分
任务执行	滴定终点判断	5	滴定出现砖红色时即到滴定终点,颜色过深为滴定过量			
	实训极差	10	极差<0.1%不扣分;0.1%≤极差<0.2%扣3分;0.2%≤极差<0.3%扣6分;极差>0.3%扣10分			
任务完成情况	按时提交任务分析报告	5	任务结束后分析报告各项内容不缺项,结果准确,分析到位			
	任务结束后所涉及物品均完好且归原位	5	采样工具、安全防护用具等实训器材完好,尽数归原位			
	任务完成程度	5	任务全部完成			
	任务总结提交情况	5	工考题及时完成,总结按时提交			
	结果分析正确	10	浓度计算正确。结果分析无误,单位使用准确,无随意更改数据、编造数据			
共计		100分	总分			
评价过程中各项占比:自我评分20%;小组评分30%;教师评分50%						
本人姓名		小组成员		教师签字		
任务完成时间:						

直击工考

1. 选择题

(1) 沉淀滴定的银量法中,莫尔法使用的滴定终点指示剂是(　　)。

    A. 铁铵矾溶液　　　　　B. 重铬酸钾溶液

    C. $FeCl_3$ 溶液　　　　　D. 吸附指示剂

（2）（　　）违背了无定形沉淀条件。

    A. 沉淀可在浓溶液中进行

    B. 沉淀应在不断搅拌下进行

    C. 沉淀在热溶液中进行

    D. 在沉淀后放置陈化

（3）测定银时为了保证使 AgCl 沉淀完全，应采取的沉淀条件是（　　）。

    A. 加入浓 HCl

    B. 加入饱和 NaCl

    C. 加入适当过量的稀 HCl

    D. 在冷却条件下加入 NH_4Cl+NH_3

（4）氯化银在 1mol/L 的 HCl 中比在水中较易溶解是因为（　　）。

    A. 酸效应　　　　　　　B. 盐效应

    C. 同离子效应　　　　　D. 络合效应

2. 填空题

（1）根据沉淀的物理性质，可将沉淀分为（　　）沉淀和（　　）沉淀，生成的沉淀属于何种类型，除取决于（　　）外，还与（　　）有关。

（2）在沉淀的形成过程中，存在两种速度（　　）和（　　）。当（　　）大时，将形成晶形沉淀。

（3）产生共沉淀现象的原因有（　　）、（　　）和（　　）。

（4）（　　）是沉淀发生吸附现象的根本原因。（　　）是减少吸附杂质的有效方法之一。

3. 计算题

（1）称取 1.9221g 分析纯 KCl 加水溶解后，在 250mL 容量瓶中定容，取出 20.00mL 用 $AgNO_3$ 溶液滴定，消耗 18.30mL 溶液，求 $AgNO_3$ 溶液的浓度。

（2）称取一含银溶液 2.075g，加入适量 HNO_3，以铁铵矾为指示剂，消耗了 25.50mL 0.04634mol/L 的 NH_4SCN 标准溶液，计算溶液中银的质量分数。

土壤中铜、锌、铬含量的测定

一、任务导入

随着工业社会的高速发展，土壤污染问题越来越严重，土壤污染主要分为无机污染和有机污染两大类。无机污染主要包括铜、汞、锌、铅、镍、铬等重金属污染。这些重金属在土壤中不易被微生物分解，易与有机质发生螯合作用而稳定存在于土壤中，难以清除。根据《土壤环境质量　农用地土壤污染风险管控标准》（GB 15618—2018），土壤中的铜、汞、锌、铅、镍、铬等重金属元素的含量应符合污染物的控制标准值。土壤和沉积物经酸消解后，试样中铜、锌和铬在空气-乙炔火焰中原子化，其基态原子分别对铜、锌和铬的特征谱线产生选择性吸收，其吸收强度在一定范围内与铜、锌和铬的浓度成正比，从而可反映土壤中铜、锌、铬的含量。

通过本任务的学习完成以下目标。

① 了解针对铜、锌、铬类测定土壤样品的预处理方法。

② 掌握火焰原子吸收分光光度计参数的设置。

③ 掌握铜、锌、铬标准曲线的建立。

④ 掌握土壤中铜、锌、铬类物质的正确测定方法。

二、任务准备

1. 实验仪器

① 火焰原子吸收分光光度计（图 5-1）。

② 光源（元素灯）。

③ 铜、锌、铬元素锐线光源或连续光源。

④ 微波消解装置：功率 600～1500W，配备微波消解罐

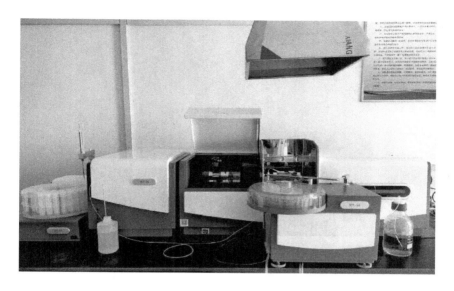

图 5-1　火焰原子吸收分光光度计

（图 5-2）。图 5-3 为微波消解仪及消解支架。

⑤ 聚四氟乙烯坩埚或聚四氟乙烯消解管：50mL。

⑥ 分析天平：感量为 0.1mg。

⑦ 一般实验室常用器皿和设备。

图 5-2　微波消解罐

图 5-3　微波消解仪及消解支架

2. 试剂材料

① 盐酸：$\rho(\text{HCl}) = 1.19\text{g/mL}$。

② 硝酸：$\rho(\text{HNO}_3) = 1.42\text{g/mL}$。

③ 氢氟酸：$\rho(\text{HF}) = 1.49\text{g/mL}$。

④ 高氯酸：$\rho(\text{HClO}_4) = 1.68\text{g/mL}$。

⑤ 盐酸溶液（1+1）。

⑥ 硝酸溶液（1+1）。

⑦ 硝酸溶液（1+99）。

⑧ 金属铜/锌/铬：光谱纯。

⑨ 标准储备液：铜标准储备液：$\rho(\text{Cu}) = 1000\text{mg/L}$；锌标准储备液：$\rho(\text{Zn}) = 1000\text{mg/L}$；铬标准储备液：$\rho(\text{Cr}) = 1000\text{mg/L}$。

⑩ 标准使用液：铜标准使用液：$\rho(\text{Cu}) = 100\text{mg/L}$；锌标准使用液：$\rho(\text{Zn}) = 100\text{mg/L}$；铬标准使用液：$\rho(\text{Cr}) = 100\text{mg/L}$。

⑪ 燃气：乙炔，纯度≥99.5%。

⑫ 助燃气：空气，进入燃烧器前应除去其中的水、油和其他杂质。

3. 安全防护用具

实训服、耐酸碱手套、护目镜和防毒面具等。

三、任务执行

1. 试样制备（微波消解法）

（1）试样消解

称取风干、过筛的土壤样品0.2～0.3g（精确至0.1mg）放入微波消解罐中，用少量水润湿后，在防酸通风橱中，依次加入3mL盐酸、6mL硝酸、2mL氢氟酸，使样品和消解试剂充分混匀。若有剧烈化学反应，待反应结束后再加盖拧紧。将微波消解罐装入消解支架后放入微波消解仪的炉腔中，确认温度传感器和压力传感器工作正常。按照表5-1的升温程序进行微波消解，程序结束后冷却。待罐内温度降至室温后在防酸通风橱中取出微波消解罐，缓缓泄压放气，打开微波消解罐盖。

表5-1　微波消解升温程序

升温时间/min	消解温度/℃	保持时间/min
7	室温～120	3
5	120～160	3
5	160～190	25

将微波消解罐中的溶液转移至聚四氟乙烯坩埚中，用少许实验用水洗涤微波消解罐和盖子后一并倒入坩埚。将坩埚置于

温控加热设备上，在微沸的状态下进行赶酸。待液体呈黏稠状时，取下稍冷，用滴管取少量硝酸（1＋99）冲洗坩埚内壁，利用余温溶解附着在坩埚壁上的残渣，之后转入 25mL 容量瓶中，再用滴管吸取少量硝酸溶液（1＋99）重复上述步骤，洗涤液一并转入容量瓶中，然后用硝酸溶液（1＋99）定容至标线，混匀，静置 60min 取上清液待测。

（2）空白试样

不称取样品，其余步骤同上。

2. 仪器测量条件

根据实验室仪器操作说明调节仪器至最佳工作状态，参考表 5-2 的仪器测量条件。

表 5-2　铜、锌、铬测量的仪器条件

元素	铜	锌	铬
光源	锐线光源（铜空心阴极灯）	锐线光源（锌空心阴极灯）	锐线光源（铬空心阴极灯）
灯电流/mA	5.0	5.0	9.0
测定波长/nm	324.7	213.0	357.9
通带宽度/nm	0.5	1.0	0.2
火焰类型	中性	中性	还原性

注：测定铬时，应调节燃烧器高度，使光斑通过火焰的亮蓝色部分。

3. 标准曲线的建立

取 100mL 容量瓶，按表 5-3 用硝酸溶液（1＋1）分别稀释铜、锌、铬元素标准使用液，配制成标准系列。按照仪器测量条件，用标准曲线零浓度点调节仪器零点，由低浓度到高浓度依次测定标准系列的吸光度。以各元素标准系列质量浓度为横坐标，相应的吸光度为纵坐标，建立标准曲线。

表 5-3　铜、锌、铬校准系列溶液浓度

元素	标准系列					
	0	1	2	3	4	5
铜/(mg/L)	0.00	0.10	0.50	1.00	3.00	5.00
锌/(mg/L)	0.00	0.10	0.20	0.30	0.50	0.80
铬/(mg/L)	0.00	0.10	0.50	1.00	3.00	5.00

注：可根据仪器灵敏度或试样的浓度调整标准系列范围，至少配制 6 个浓度点（含零浓度点）。

4. 试样测定（空白实验）

标准曲线建立后，以相同的仪器条件和标准曲线检测方法进行试样上清液的测定。

5. 结果与计算

土壤中铜、锌、铬的含量（mg/kg），按照以下公式进行计算：

$$w_i = \frac{(\rho_i - \rho_{0i}) \times V}{m \times w_{dm}}$$

式中　w_i——土壤中元素的含量，mg/kg；

　　　　ρ_i——试样中元素的含量，mg/L；

　　　　ρ_{0i}——空白试样中元素的含量，mg/L；

　　　　V——消解后试样的定容体积，mL；

　　　　m——土壤样品的称样量，g；

　　　　w_{dm}——土壤样品的干物质含量，%。

当测定结果小于 100mg/kg 时，结果保留至整数位；当测定结果大于或等于 100mg/kg 时，结果保留三位有效数字。

四、任务分析报告

请根据实训任务的过程和结果填表 5-4～表 5-6 的内容。

表 5-4　土壤中铜含量的测定任务分析报告

实训名称		班级		实训日期			
姓名		组员					
实训原理							
称取土样质量 m/g							
消解步骤	消解试剂		体积/mL				
	HCl						
	HNO$_3$						
	HF						
土壤中铜含量的测定	标准工作曲线配制	铜标准储备液浓度/(mg/L)					
		铜标准使用液浓度/(mg/L)		一次稀释倍数			
		标准溶液配制					
		序号	1	2	3	4	5	6
		移取标液体积/mL						
		浓度/(mg/L)						
		吸光度 A/[L/(g·cm)]						
	样品中铜含量的测定	测定次数	1		2		3	备用
		吸光度 A/[L/(g·cm)]						
		测定浓度/(mg/L)						
		土壤中铜含量/(mg/kg)						
		土壤中平均铜含量/(mg/kg)						
		实训极差/%						
结果分析							
实训总结与反思							

46

表 5-5　土壤中锌含量的测定任务分析报告

实训名称			班级		实训日期	
姓名			组员			
实训原理						
称取土样质量 m/g						

消解步骤	消解试剂	体积/mL				
	HCl					
	HNO_3					
	HF					

土壤中锌含量的测定	标准工作曲线配制	锌标准储备液浓度/(mg/L)						
		锌标准使用液浓度/(mg/L)				一次稀释倍数		
		标准溶液配制						
		序号	1	2	3	4	5	6
		移取标液体积/mL						
		浓度/(mg/L)						
		吸光度 A/[L/(g·cm)]						
	样品中锌含量的测定	测定次数	1		2		3	备用
		吸光度 A/[L/(g·cm)]						
		测定浓度/(mg/L)						
		土壤中锌含量/(mg/kg)						
		土壤中平均锌含量/(mg/kg)						
		实训极差/%						

结果分析	
实训总结与反思	

表 5-6　土壤中铬含量的测定任务分析报告

实训名称		班级		实训日期			
姓名		组员					
实训原理							
称取土样质量 m/g							
消解步骤	消解试剂		体积/mL				
	HCl						
	HNO$_3$						
	HF						
土壤中铬含量的测定	标准工作曲线配制	铬标准储备液浓度/(mg/L)					
		铬标准使用液浓度/(mg/L)			一次稀释倍数		
		标准溶液配制					
		序号	1	2	3	4	5	6
		移取标液体积/mL						
		浓度/(mg/L)						
		吸光度 A/[L/(g·cm)]						
	样品中铬含量的测定	测定次数	1		2		3	备用
		吸光度 A/[L/(g·cm)]						
		测定浓度/(mg/L)						
		土壤中铬含量/(mg/kg)						
		土壤中平均铬含量/(mg/kg)						
		实训极差/%						
结果分析							
实训总结与反思							

48

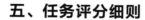

五、任务评分细则

请根据实训任务的结果进行自我评分、小组评分和教师评分，并将相应的结果填入表 5-7 中。

表 5-7　任务评分细则表

实训名称				姓名		
类别	评价要求	分值	评分细则	自我评分	小组评分	教师评分
任务准备	按时到岗	5	执行任务期间不迟到，不早退，不旷课			
	任务相关物品准备	5	任务相关用具及学习用品准备齐全			
	设备试剂准备	5	实训任务相关试剂、设备准备齐全			
	小组分工	5	小组分工明确，主动与成员交流，合作完成任务，小组之间相互帮助			
任务执行	佩戴安全防护用品	5	按具体实训要求穿戴完整安全防护用具			
	环境样品处理	10	样品风干、过筛步骤正确			
	消解程序	10	消解温度、消解时间、微波消解罐的使用、样品标签、记录，每一项不合格扣3分，扣完为止			
	标准品稀释	10	按具体标准品稀释要求准确分批次稀释至适宜浓度，且数据记录无误			
	仪器条件参数设置	5	选择正确元素灯测定波长。记录完整、书写准确			
	质量分数计算	10	计算公式运用正确，单位换算正确			

续表

类别	评价要求	分值	评分细则	自我评分	小组评分	教师评分
任务完成情况	按时提交任务分析报告	5	任务结束后分析报告各项内容不缺项,结果准确,分析到位			
	任务结束后所涉及物品均完好且归原位	5	采样工具、安全防护用具等实训器材完好,尽数归原位			
	任务完成程度	5	任务全部完成			
	任务总结提交情况	5	工考题及时完成,总结按时提交			
	结果分析	10	实训结果数据处理与分析无误,无随意更改数据、编造数据			
共计		100 分	总分			
评价过程中各项占比:自我评分 20%;小组评分 30%;教师评分 50%						
本人姓名		小组成员		教师签字		
任务完成时间:						

直击工考

1. 简答题

(1) 硝酸、高氯酸、氢氟酸三者的作用分别是什么?

(2) 加氢氟酸前为什么要蒸干?

(3) 土壤测定中使用微波炉加热分解法时应注意哪些事项?

(4) 原子吸收分光光度计测定元素的基本原理是什么?

(5)《土壤环境质量标准》(GB 15618—1995) 将土壤分为哪几类?各类土壤的功能和保护目标是什么?

2. 计算题

（1）用火焰原子吸收分光光度法测土壤中铜。称取风干过筛土样 1.00g（含水 8.20%），经消解后定容至 50.0mL，用标准曲线法测得此溶液铜的浓度为 0.700mg/L，求被测土壤中铜含量。

（2）用标准加入法测定某土壤试液中锌的含量。取 4 份等量的土壤试液，分别加入不同量锌标准溶液（加入量见表 5-8），稀释至 50mL，依次用火焰原子吸收法测定，测得的吸光度列于表中，求该土壤试液中锌的含量。

表 5-8　土壤锌含量测定中的已知数据

编号	土壤试液量/mL	加入锌标液 （10μg/mL）量/mL	吸光度 $A/[L/(g \cdot cm)]$
1	20	0	0.042
2	20	1	0.080
3	20	2	0.116
4	20	4	0.190

成分量子. 对照 NH_4^+ 测定 NO_3^- 浓度 0.05 的情况 全氮 含量

实训任务六

土壤中全氮含量的测定（凯氏定氮法）

一、任务导入

土壤中的氮大部分以有机态（蛋白质、氨基酸、腐殖质、酰胺等）存在，无机态（NH_4^+、NO_3^-、NO_2^-）含量极少，全氮量的多少取决于土壤腐殖质的含量。本任务测定原理是，土壤中含氮有机化合物在还原性催化剂的作用下，用浓硫酸消化分解，使其中所含的氮转化为氨，并与硫酸结合为硫酸铵，再向消化液加入过量的氢氧化钠溶液，使铵盐分解从而蒸馏出氨，溶解在硼酸溶液中。最后以甲基橙为指示剂，用标准盐酸滴定至红紫色为终点，根据标准盐酸的消耗量，求出分析样品中全氮的含量。

通过本任务的学习完成以下目标。

① 了解全氮含量测定土壤样品的预处理方法。

② 掌握凯氏定氮蒸馏装置的清洗与安装。

③ 掌握滴定分析方法。

④ 掌握土壤中全氮含量的计算。

⑤ 掌握土壤中全氮含量的正确测定方法。

二、任务准备

1. 实验仪器

① 凯氏定氮蒸馏装置（图 6-1）。

② 凯氏定氮蒸馏装置专用消解仪（图 6-2）。

③ 土壤筛（10 目、60 目）。

④ 分析天平。

⑤ 实验室常用设备。

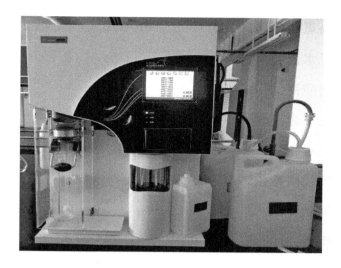

图 6-1　凯氏定氮蒸馏装置

图 6-2　凯氏定氮蒸馏装置专用消解仪

2. 试剂材料

① 无氨水。

② 硫酸 $\rho(\mathrm{H_2SO_4})=1.84\mathrm{g/mL}$。

③ 盐酸：$\rho(HCl)=1.19g/mL$。

④ 高氯酸：$\rho(HClO_4)=1.768g/mL$。

⑤ 无水乙醇。

⑥ 硫酸钾。

⑦ 五水合硫酸铜。

⑧ 二氧化钛。

⑨ 硫代硫酸钠。

⑩ 氢氧化钠。

⑪ 硼酸。

⑫ 碳酸钠。

⑬ 催化剂：200g 硫酸钾、6g 五水硫酸铜和 6g 二氧化钛于玻璃研钵中充分混匀，研细，储于试剂瓶中保存。

⑭ 还原剂：将硫代硫酸钠研磨后过 0.25mm（60 目）筛，临用现配。

⑮ 氢氧化钠溶液：$\rho(NaOH)=400g/L$。称取 400g 氢氧化钠溶于 500mL 水中，冷却至室温后稀释至 1000mL。硼酸液：$\rho(H_3BO_3)=20g/L$。称取 20g 硼酸溶于水中，稀释至 1000mL。

⑯ 碳酸钠标准溶液：$c(1/2Na_2CO_3)=0.0500mol/L$。称取 2.6498g（于 250℃烘干 4h 并置干燥器中冷却至室温）无水碳酸钠，溶于少量水中，移入 1000mL 容量瓶中，用水稀释至标线，摇匀。储于聚乙烯瓶中，保存时间不得超过 1 周。

⑰ 甲基橙指示液：$\rho=0.5g/L$。称取 0.1g 甲基橙溶于水中，稀释至 200mL。

⑱ 盐酸标准储备溶液：$c(HCl)=0.05mol/L$。

3. 安全防护用具

实训服、耐酸碱手套、护目镜、防毒面具等。

三、任务执行

1. 试样制备

将土壤样品置于风干盘中，平摊成 2～3cm 厚的薄层，先剔除植物、昆虫、石块等残体，用铁锤或瓷质研磨棒压碎土块，每天翻动几次，自然风干。充分混匀风干土壤，采用四分法，取其 2 份，一份留存，一份研磨至全部通过 2mm（10 目）土壤筛。取 10～20g 过筛后的土壤样品，研磨至全部通过 0.25mm（60 目）土壤筛，装于样品袋或样品瓶中。

2. 测定步骤

（1）试样消解

称取适量试样 0.2000～1.0000g（含氮约 1mg），精确到 0.1mg，放入凯氏定氮蒸馏装置专用消解仪消解瓶中，用少量水（0.5～1mL）润湿，再加入 4mL 浓硫酸，瓶口上盖小漏斗，转动消解瓶使其混合均匀，浸泡 8h 以上。使用干燥的长颈漏斗将 0.5g 还原剂加到消解瓶底部，置于消解器上加热，待冒烟后停止加热。冷却后，加入 1.1g 催化剂，摇匀，继续在消解器上消煮。消煮时保持微沸状态，使白烟到达瓶颈 1/3 处回旋，待消煮液和土样全部变成灰白色稍带绿色后，表明消解完全，再继续消煮 1h，冷却。在土壤样品消煮过程中，如果不能完全消解，可以冷却后加几滴高氯酸后再消煮。

（2）蒸馏

连接凯氏定氮蒸馏装置，蒸馏前先检查凯氏定氮蒸馏装置的气密性，并将管道洗净。后把消解液全部转入蒸馏瓶中

装置上。在 250mL 锥形瓶中加入 20mL 硼酸溶液和 3 滴混合指示剂吸收馏出液，导管管尖伸入吸收液液面以下。将蒸馏瓶呈 45°斜置，缓缓沿壁加入 20mL 氢氧化钠溶液，使其在瓶底形成碱液层。迅速连接定氮球和冷凝管，摇动蒸馏瓶使溶液充分混匀，开始蒸馏，待馏出液体积约 100mL 时，蒸馏完毕。用少量已调节至 pH 值 4.5 的水洗涤冷凝管的末端至蒸馏瓶中。

（3）滴定

用盐酸标准溶液滴定蒸馏后的馏出液，溶液颜色由蓝绿色变为红紫色，记录所消耗盐酸标准溶液的体积。（如果样品含量大于 10^4 mg/kg，可以改用浓度为 0.0500mol/L 的盐酸标准储备溶液滴定。如果使用全自动凯氏定氮仪，按说明书要求进行样品的消解、蒸馏和滴定。）

（4）空白实验

凯氏定氮蒸馏装置消解瓶中不加入试样，按照步骤（2）～（3）测定，记录所用盐酸标准溶液的体积。

3. 结果与计算

土壤中全氮的含量（mg/kg）按以下公式计算：

$$\omega_N = \frac{(V_1 - V_0) \times c(HCl) \times 14.0 \times 1000}{m \times w_{dm}}$$

式中　ω_N——土壤中全氮的含量，mg/kg；

V_1——样品消耗盐酸标准溶液的体积，mL；

V_0——空白消耗盐酸标准溶液的体积，mL；

$c(HCl)$——盐酸标准溶液的浓度，mol/L；

14.0——氮的摩尔质量；

w_{dm}——土壤样品的干物质含量，%；

m——称取土样的质量，g。

四、任务分析报告

请根据实训任务的过程和结果填表 6-1 的内容。

表 6-1　任务分析报告

实训名称		班级		实训日期		
姓名		组员				
实训原理						
称取土样质量 m/g						
试样消解	消解试剂	体积/mL				
	硫酸					
	还原剂/催化剂					
	高氯酸					
土壤中全氮含量的测定	蒸馏	蒸馏装置				
		硼酸溶液浓度及用量				
		氢氧化钠溶液浓度及用量				
	滴定	测定次数	1	2	3	备用
		样品消耗盐酸体积/mL				
		空白消耗盐酸体积/mL				
		盐酸标准溶液浓度/(mol/L)				
		土壤中全氮含量/(mg/kg)				
		土壤中平均全氮含量/(mg/kg)				
		实训极差/%				
结果分析						
实训总结与反思						

五、任务评分细则

请根据实训任务的结果进行自我评分、小组评分和教师评分，并将相应的结果填入表 6-2 中。

表 6-2　任务评分细则表

实训名称				姓名		
类别	评价要求	分值	评分细则	自我评分	小组评分	教师评分
任务准备	按时到岗	5	执行任务期间不迟到，不早退，不旷课			
	任务相关物品准备	5	任务相关用具及学习用品准备齐全			
	设备试剂准备	5	实训任务相关试剂、设备准备得当			
	小组分工	5	小组分工明确，主动与成员交流，合作完成任务，小组之间相互帮助			
任务执行	安全防护用具穿戴整齐	5	按具体实训要求穿戴完整，安全防护用具			
	试样制备	10	样品风干、过筛步骤正确			
	消解方式	10	消解样品称取、消解试剂用取恰当。凯氏定氮蒸馏装置专用消解仪消解瓶使用、消解时间及消解完全与否、样品标签、记录，每一项不合格扣 2 分，扣完为止			
	蒸馏装置	6	蒸馏装置连接正确，检查气密性；管道清洗，每一项不合格扣 2 分，扣完为止			

60

类别	评价要求	分值	评分细则	自我评分	小组评分	教师评分
任务执行	蒸馏过程	9	消解液取量及转移,导管管尖入液面以下,定氮球和冷凝管迅速连接,每一项不合格扣3分,扣完为止			
	全氮含量的计算	10	计算公式运用正确,计算过程清晰,单位表示及换算正确			
任务完成情况	按时提交任务分析报告	5	任务结束后分析报告各项内容不缺项,结果准确,分析到位			
	任务结束后所涉及物品均完好且归原位	5	采样工具、安全防护用具等实训器材完好,尽数归原位			
	任务完成程度	5	任务全部完成			
	任务总结提交情况	5	工考题及时完成,总结按时提交			
	结果分析	10	实训结果数据处理与分析无误,无随意更改数据、编造数据			
共计		100分	总分			
评价过程中各项占比:自我评分20%;小组评分30%;教师评分50%						
本人姓名		小组成员		教师签字		
任务完成时间:						

直击工考

1. 选择题

(1) 测量重金属的样品尽量用( )削除与金属采样器接触的部分土壤,再用其取样。

    A. 不锈钢刀　　　　　　B. 竹刀

    C. 手　　　　　　　　　D. 铁锹

（2）土壤中全氮含量的测定，应采用（　　）。

    A. 土壤全分解法

    B. 土壤浸提法

    C. 土壤熔融法

（3）用于农药或土壤有机质、土壤全氮量等项目分析的样品，应全部过孔径（　　）筛。

    A. 0.25mm　　　　　　B. 0.15mm

    C. 1.0mm　　　　　　D. 0.10mm

（4）土壤样品的风干操作为：在风干室将土样放置于风干盘中，摊成（　　）cm 的薄层，适时地压碎、翻动，拣出碎石、沙砾和植物残体。

    A. 0～1　　　B. 1～2　　　C. 2～3　　　D. 3～4

（5）土壤样品加工工具和容器一般使用（　　）。

    A. 铁铬等金属制品　　　　B. 木质和塑料制品

    C. 不锈钢制品　　　　　　D. 铜金属制品

2. 简答题

（1）土壤中氮元素的形态有哪些？

（2）简要叙述氮元素在整个生态系统中的循环。

（3）试述土壤样品的制备方法及其注意要点。

土壤中镉、铅含量的测定
（火焰原子吸收法）

一、任务导入

土壤中镉、铅含量的测定是利用二乙烯三胺五乙酸（DT-PA）提取剂提取土壤中铅和镉，其含量与作物对铅和镉的吸收有较高的相关性。DTPA 能迅速与镉、铅离子生成水溶性化合物，在特制的空心阴极灯照射下，气态中基态金属原子吸收特定波长的能量而跃迁到较高能级状态。光路中基态原子的数量越多，对其特征辐射能量的吸收就越大，且与该原子的密度成正比，最后根据标准系列进行定量计算。

通过本任务的学习完成以下目标。

① 了解镉、铅含量测定的土壤样品预处理的方法。

② 掌握原子吸收分光光度计测定参数的设置。

③ 能独立完成镉、铅标准曲线的建立。

④ 能协作完成土壤中镉、铅含量的正确测定。

二、任务准备

1. 实验仪器

① 原子吸收分光光度计。

② 铅元素灯。

③ 往复振荡器。

④ 离心机（50mL 离心管）（图 7-1）。

⑤ 镉灯（空心阴极灯）（图 7-2）。

⑥ 实验室常用设备。

2. 试剂材料

① 盐酸：$\rho(HCl) = 1.19g/mL$。

图 7-1　离心机

图 7-2　镉灯（空心阴极灯）

② 硝酸：$\rho(HNO_3)=1.42g/mL$。

③ 硝酸（1+1）。

④ 3%硝酸。

⑤ 6mol/L 盐酸。

⑥ DTPA 提取剂。

⑦ 标准储备溶液：镉标准储备液：$\rho=1000mg/L$；铅标准储备液：$\rho=1000mg/L$。

⑧ 标准使用溶液：镉标准使用液：$\rho=10.0mg/L$；铅标准使用液：$\rho=50.0mg/L$。

3. 安全防护用具

实训服、耐酸碱手套、护目镜和防毒面具等。

三、任务执行

1. 试样和空白试样制备

称取 5g 通过 2mm 孔径筛风干的土壤样品，置于 100mL 具塞锥形瓶中，用移液管加入 25mL DTPA 提取剂，室温下往复振荡器振荡 2h（180 次/min），再离心或干过滤，弃去初滤液 5mL，剩下滤液上机测定。空白试样制备同试样制备，不称取土样，每批样品至少 2 个以上空白试样。

2. 仪器测量条件

镉、铅火焰原子吸收法仪器参考条件见表 7-1。

表 7-1　镉、铅火焰原子吸收法仪器参考条件

元素	镉	铅
灯电流/mA	7.5	7.5
测定波长/nm	228.8	283.3
通带宽度/nm	1.3	1.3
火焰性质	空气-乙炔火焰	

3. 标准曲线的建立

分别移取 0.00、0.50、1.00、2.00、3.00、5.00mL 镉标准使用液于 50mL 容量瓶中，分别加入 DTPA 提取剂定容至标线，混匀。分别移取 0.00、0.50、1.00、2.00、3.00、5.00mL 铅标准使用液于 50mL 容量瓶中，分别加入 DTPA

提取剂定容至标线，混匀。镉、铅标准系列溶液浓度见表 7-2。

表 7-2　镉、铅标准系列溶液浓度

元素	标准系列					
	0	1	2	3	4	5
镉/(mg/L)	0.00	0.10	0.20	0.40	0.60	1.00
铅/(mg/L)	0.00	0.50	1.00	2.00	3.00	5.00

4. 试样测定（空白实验）

将仪器调至最佳工作条件，以相同的仪器条件依次以先标准系列各点、后样品空白和试样顺序进行测定。

5. 结果与计算

火焰原子吸收法测定土壤中镉、铅的含量（mg/kg），按照以下公式进行计算：

$$w = \frac{(\rho - \rho_0) \times V}{m}$$

式中　w——土壤中元素的含量，mg/kg；

ρ——标准曲线上查得的镉、铅的含量，mg/L；

ρ_0——空白试样的含量，mg/L；

V——样品所使用的提取液体积，mL；

m——土壤样品的质量，g。

重复实训结果以算术平均值表示，结果保留三位有效数字。

四、任务分析报告

请根据实训任务的过程和结果填表 7-3、表 7-4 的内容。

表 7-3　土壤中镉含量的测定任务分析报告

实训名称			班级		实训日期			
姓名			组员					
实训原理								
称取土样质量 m/g								
土壤中镉含量的测定	标准工作曲线配制	镉标准储备液浓度/(mg/L)						
		镉标准使用液浓度/(mg/L)				一次稀释倍数		
		标准溶液配制						
		序号	1	2	3	4	5	6
		移取标液体积/mL						
		浓度/(mg/L)						
		吸光度 $A/[L/(g \cdot cm)]$						
	样品中镉含量的测定	测定次数	1		2		3	备用
		吸光度 $A/[L/(g \cdot cm)]$						
		测定浓度/(mg/L)						
		土壤中镉含量/(mg/kg)						
		土壤中平均镉含量/(mg/kg)						
		实训极差/%						
结果分析								
实训总结与反思								

68

表 7-4　土壤中铅含量的测定任务分析报告

实训名称			班级		实训日期			
姓名			组员					
实训原理								
称取土样质量 m/g								
土壤中铅含量的测定	标准工作曲线配制	铅标准储备液浓度/(mg/L)						
		铅标准使用液浓度/(mg/L)				一次稀释倍数		
		标准溶液配制						
		序号	1	2	3	4	5	6
		移取标液体积/mL						
		浓度/(mg/L)						
		吸光度 $A/[L/(g\cdot cm)]$						
	样品中铅含量的测定	测定次数	1		2	3		备用
		吸光度 $A/[L/(g\cdot cm)]$						
		测定浓度/(mg/L)						
		土壤中铅含量/(mg/kg)						
		土壤中平均铅含量/(mg/kg)						
		实训极差/%						
结果分析								
实训总结与反思								

五、任务评分细则

请根据实训任务的结果进行自我评分、小组评分和教师评分，并将相应的结果填入表 7-5 中。

表 7-5　任务评分细则表

实训名称					姓名		
类别	评价要求	分值	评分细则		自我评分	小组评分	教师评分
任务准备	按时到岗	5	执行任务期间不迟到，不早退，不旷课				
	任务相关物品准备	5	任务相关用具及学习用品准备齐全				
	设备试剂准备	5	实训任务相关试剂、设备准备得当				
	小组分工	5	小组分工明确，主动与成员交流，合作完成任务，小组之间相互帮助				
任务执行	安全防护用具穿戴整齐	5	按具体实训要求穿戴完整安全防护用具				
	试样（空白）制备	10	样品风干、试剂加入、空白试样制备正确				
	仪器测量条件设置	10	选择正确元素灯、测定波长，记录完整、书写准确				
	标准曲线的建立	10	按具体标准品稀释要求准确分批稀释至适宜浓度，且数据记录无误，标准曲线的相关系数＞0.995				
	试样测定	5	仪器调至最佳工作条件启动，测定顺序先标准后样品				
	含量计算	10	计算公式运用正确，计算过程清晰，单位表示及换算正确				

续表

类别	评价要求	分值	评分细则	自我评分	小组评分	教师评分
任务完成情况	按时提交任务分析报告	5	任务结束后分析报告各项内容不缺项,结果准确,分析到位			
	任务结束后所涉及物品均完好且归原位	5	采样工具、安全防护用具等实训器材完好,尽数归原位			
	任务完成程度	5	任务全部完成			
	任务总结提交情况	5	工考题及时完成,总结按时提交			
	结果分析	10	实训结果数据处理与分析无误,无随意更改数据、编造数据			
共计		100分	总分			
评价过程中各项占比:自我评分20%;小组评分30%;教师评分50%						
本人姓名		小组成员		教师签字		
任务完成时间:						

直击工考

1. 选择题

（1）日本富山事件源于日本三井公司排放废水，产生金属镉污染，导致几百人患上（　　）。

　　A. 贫血病　　B. 佝偻病　　C. 骨痛病　　D. 腹痛病

（2）位于某自然保护区的土壤，其铅的最高允许浓度为（　　）mg/kg。

　　A. 20　　　　B. 25　　　　C. 30　　　　D. 35

（3）某果园地，其土壤pH值为7.8，则其镉的最高允许浓度为（　　）mg/kg。

　　　A. 0. 05　　　B. 0. 1　　　C. 0. 5　　　D. 1. 0

　　（4）土壤样品溶解时，有时加入各种酸及混合酸，加酸目的说法不正确的是（　　）。

　　　A. 破坏、除去土壤中有机物

　　　B. 溶解固体物质

　　　C. 将各种形态的金属变为同一种可测态

　　　D. 将土样炭化以方便提取被测物质

　　（5）按照 GB/T 17141—2020 规定，土壤酸消化样品放在（　　）中，低温消化过程必须在（　　）进行。

　　　A. 瓷坩埚，通风橱

　　　B. 聚四氟乙烯坩埚，通风橱

　　　C. 瓷坩埚，抽油烟机下

　　　D. 聚四氟乙烯坩埚，排风罩下

2. 简答题

　　（1）土壤样品加工处理（消解）的目的是什么？

　　（2）土壤中镉含量的测定，分解试样时，在驱赶 $HClO_4$ 时，为什么不可将试样蒸至干涸？

　　（3）土壤环境质量标准中规定了 11 项必测项目，这 11 项必测项目的内容是什么？

土壤中汞、砷含量的测定
（原子荧光光谱法）

一、任务导入

原子荧光光谱法是以原子在辐射能激发下发射的荧光强度进行定量分析的发射光谱分析法。其利用激发光源发出的特征发射光照射一定浓度的待测元素的原子蒸气，使之产生原子荧光，在一定条件下，通过测定荧光的强度即可求出待测样品中该元素的含量。本任务是将土壤样品经微波消解后的试液导入原子荧光光度计，在硼氢化钾溶液的还原作用下，生成砷化氢气体，汞被还原成原子态。在氩氢火焰中形成基态原子，在元素灯（汞、砷）发射光的激发下产生原子荧光，原子荧光强度与试液中元素含量成正比。

通过本任务的学习完成以下目标。

① 了解待进行汞、砷含量测定的土壤样品制备方法。

② 掌握原子荧光光度计启动及测定条件参数的设置。

③ 能独立完成汞、砷标准曲线的建立。

④ 能协作完成土壤中汞、砷含量的正确测定。

二、任务准备

1. 实验仪器

① 微波消解仪：具有温度控制和程序升温功能，温度精度可达± 2.5℃。

② 原子荧光光度计（图 8-1）：应符合 GB/T 21191—2007 的规定。

③ 汞、砷元素灯。

④ 恒温水浴装置。

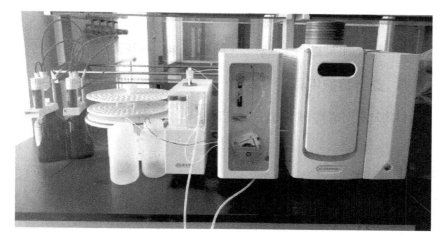

图 8-1　原子荧光光度计

⑤ 分析天平：精度为 0.0001g。

⑥ 实验室常用设备。

2. 试剂材料

① 盐酸：$\rho(HCl)=1.19g/mL$。

② 硝酸：$\rho(HNO_3)=1.42g/mL$。

③ 氢氧化钾（KOH）。

④ 硼氢化钾（KBH_4）。

⑤ 盐酸溶液：5＋95。

⑥ 盐酸溶液：1＋1。

⑦ 硫脲（CH_4N_2S）。

⑧ 抗坏血酸（$C_6H_8O_6$）。

⑨ 还原剂：硼氢化钾溶液 A，硼氢化钾溶液 B。

⑩ 汞标准固定液（简称固定液）。

⑪ 标准溶液：汞标准储备液：$\rho=100.0mg/L$；汞标准中间液：$\rho=1.00mg/L$；汞标准使用液：$\rho=10.0\mu g/L$；砷标准

储备液：$\rho = 100.0\text{mg/L}$；砷标准中间液：$\rho = 1.00\text{mg/L}$；砷标准使用液：$\rho = 100.0\mu\text{g/L}$。

⑫ 载气和屏蔽气：氩气（纯度≥99.99%）。

3. 安全防护用具

实训服、耐酸碱手套、护目镜和防毒面具等。

三、任务执行

1. 试样和空白试样制备（微波消解法）

（1）试样制备

称取风干、过筛的样品 0.1～0.5g（精确至 0.0001g，样品中元素含量低时，可将样品称取量提高至 1.0g）置于溶样杯中，用少量实验用水润湿后，在通风橱中，先加入 6mL 盐酸，再慢慢加入 2mL 硝酸，混匀，使样品与消解试剂充分接触。若有剧烈化学反应，待反应结束后再将溶样杯置于消解罐中密封。将消解罐装入消解罐支架后放入微波消解仪的炉腔中，确认主控消解罐上的温度传感器及压力传感器均已与系统连接好。按照表 8-1 推荐的升温程序进行微波消解，程序结束后冷却。待罐内温度降至室温后在通风橱中取出，缓慢泄压放气，打开消解罐盖。

表 8-1　微波消解升温程序

升温时间/min	消解温度/℃	保持时间/min
5	100	2
5	150	3
5	180	25

把玻璃小漏斗插于 50mL 容量瓶的瓶口，用慢速定量滤纸将消解后的溶液过滤，转移入容量瓶中。用实验用水洗涤溶样杯及沉淀，将所有洗涤液并入容量瓶中，最后用实验用水定容至标线，混匀。

（2）试料制备

再取 10.0mL 该试样置于 50mL 容量瓶中，按照表 8-2 加入盐酸、硫脲和抗坏血酸混合溶液，混匀。室温放置 30min，用实验用水定容至标线，混匀。

表 8-2　定容 50mL 时试剂加入量

名称	汞	砷
盐酸	2.5mL	5mL
硫脲和抗坏血酸混合溶液	—	10mL

2. 仪器测量条件

原子荧光光度计的调试：原子荧光光度计开机预热，按照仪器使用说明书设定灯电流、负高压、载气流量、屏蔽气流量等工作参数，参考条件见表 8-3。

表 8-3　原子荧光光度计条件

元素	灯电流 /mA	负高压 /V	原子化器 温度/℃	载气流量 /(mL/min)	屏蔽气流量 /(mL/min)	灵敏线波长 /nm
汞	15~40	230~300	200	400	800~1000	253.7
砷	40~80	230~300	200	300~400	800	193.7

3. 标准曲线的建立

分别移取 0.50、1.00、2.00、3.00、4.00、5.00mL 汞标准使用液于 50mL 容量瓶中，分别加入 2.5mL 盐酸，用实训用水定容至标线，混匀。

分别移取 0.50、1.00、2.00、3.00、4.00、5.00mL 砷标准使用液于 50mL 容量瓶中，分别加入 5.0mL 盐酸、10.0mL 硫脲和抗坏血酸混合溶液，室温放置 30min（室温低于 15℃ 时，置于 30℃ 水浴中保温 20min），用实验用水定容至标线，混匀。校准系列溶液浓度见表 8-4。

表 8-4　汞、砷校准系列溶液浓度

元素	标准系列						
	0	1	2	3	4	5	6
汞/(μg/L)	0.00	0.10	0.20	0.40	0.60	0.80	1.00
砷/(μg/L)	0.00	1.00	2.00	4.00	6.00	8.00	10.00

以硼氢化钾溶液为还原剂，盐酸溶液（5+95）为载流溶液，由低浓度到高浓度顺序测定校准系列标准溶液的原子荧光强度。用扣除零浓度空白的校准系列原子荧光强度为纵坐标，溶液中相对应的元素浓度（μg/L）为横坐标，绘制标准曲线。

4. 试样测定（空白实验）

标准曲线建立后，以相同的仪器条件和检测方法进行试样上清液的测定。

将制备好的试样导入原子荧光光度计中，按照与绘制标准曲线相同的仪器工作条件进行测定。如果被测元素浓度超过标准曲线浓度范围，应稀释后重新进行测定。同时将制备好的空白试样导入原子荧光光度计中，按照与绘制标准曲线相同的仪器工作条件进行测定。

5. 结果与计算

土壤中元素（汞、砷）含量 ω_1（mg/kg）按照以下公式进行计算：

$$\omega_1 = \frac{(\rho - \rho_0) \times V_0 \times V_2}{m \times \omega_{dm} \times V_1} \times 10^{-3}$$

式中，ω_1——土壤中元素的含量，mg/kg；

ρ——由标准曲线查得测定试液中元素的浓度，μg/L；

ρ_0——空白溶液中元素的测定浓度，μg/L；

V_0——微波消解后试液的定容体积，mL；

V_1——分取试液的体积，mL；

V_2——分取后测定试液的定容体积，mL；

m——称取样品的质量，g；

ω_{dm}——样品的干物质含量，%。

当测定结果小于 1mg/kg 时，小数点后数字最多保留至三位；当测定结果大于 1mg/kg 时，保留三位有效数字。

四、任务分析报告

请根据实训任务的过程和结果填表 8-5、表 8-6 中的内容。

表 8-5　土壤中汞含量的测定任务分析报告

实训名称		班级		实训日期	
姓名		组员			
实训原理					
称取土样质量 m/g					
试样制备	消解试剂		体积/mL		
	HCl（第一次）				
	HNO₃				
	HCl（第二次）				

续表

土壤中汞含量的测定	标准工作曲线配制	汞标准储备液浓度/(μg/L)						
		汞标准使用液浓度/(μg/L)			一次稀释倍数			
		标准溶液配制						
		序号	1	2	3	4	5	6
		移取标液体积/mL						
		加 HCl 浓度/(μg/L)						
		原子荧光强度						
	样品中汞含量的测定	测定次数	1		2		3	备用
		原子荧光强度						
		测定浓度/(μg/L)						
		土壤中汞含量/(mg/kg)						
		土壤中平均汞含量/(mg/kg)						
		实训极差/%						
结果分析								
实训总结与反思								

表 8-6　土壤中砷含量的测定任务分析报告

实训名称		班级		实训日期	
姓名		组员			
实训原理					
称取土样质量 m/g					
试样制备	消解试剂		体积/mL		
	HCl（第一次）				
	HNO₃				
	HCl（第二次）				

续表

土壤中砷含量的测定	标准工作曲线配制	砷标准储备液浓度/(μg/L)						
		砷标准使用液浓度/(μg/L)			一次稀释倍数			
		标准溶液配制						
		序号	1	2	3	4	5	6
		移取标液体积/mL						
		加 HCl 浓度/(μg/L)						
		原子荧光强度						
	样品中汞含量的测定	测定次数	1		2		3	备用
		原子荧光强度						
		测定浓度/(μg/L)						
		土壤中砷含量/(mg/kg)						
		土壤中平均砷含量/(mg/kg)						
		实训极差/%						
结果分析								
实训总结与反思								

五、任务评分细则

请根据实训任务的结果进行自我评分、小组评分和教师评分，并将相应的结果填入表 8-7 中。

表 8-7　任务评分细则表

实训名称				姓名		
类别	评价要求	分值	评分细则	自我评分	小组评分	教师评分
任务准备	按时到岗	5	执行任务期间不迟到,不早退,不旷课			
	任务相关物品准备	5	任务相关用具及学习用品准备齐全			
	设备试剂准备	5	实训任务相关试剂、设备准备得当			
	小组分工	5	小组分工明确,主动与成员交流,合作完成任务,小组之间相互帮助			
任务执行	安全防护用具穿戴整齐	5	按具体要求穿戴完整,安全防护用具			
	试样(空白)制备	5	样品风干、试剂加入、空白试样制备正确			
	消解程序	5	消解温度、消解时间、消解罐的使用、样品标签、记录均正确			
	仪器测量条件设置	10	正确选择元素灯测定波长,记录完整、书写准确			
	标准曲线的建立	10	按具体标准品稀释要求准确分批稀释至适宜浓度,且数据记录无误,标准曲线的相关系数>0.995			
	试样测定	5	仪器调至最佳工作条件启动,测定顺序先标准后样品			
	含量计算	10	计算公式运用正确,计算过程清晰,单位表示及换算正确			

续表

类别	评价要求	分值	评分细则	自我评分	小组评分	教师评分
任务完成情况	按时提交任务分析报告	5	任务结束后分析报告各项内容不缺项,结果准确,分析到位			
	任务结束后所涉及物品均完好且归原位	5	采样工具、安全防护用具等实训器材完好,尽数归原位			
	任务完成程度	5	任务全部完成			
	任务总结提交情况	5	工考题及时完成,总结按时提交			
	结果分析	10	实训结果数据处理与分析无误,无随意更改数据、编造数据			
共计		100分	总分			
评价过程中各项占比:自我评分20%;小组评分30%;教师评分50%						
本人姓名		小组成员		教师签字		
任务完成时间:						

直击工考

1. 选择题

(1) 用原子荧光法测定土壤中汞含量时,样品消解完毕后,若不能立即检测,通常加入(　　)以防止汞的损失。

　　A. 硫酸　　　　　　　　B. 保存液

　　C. 保存液和稀释液　　　D. 重铬酸钾

(2) 用冷原子荧光法测定土壤中汞含量时,一般情况下,消解完的样品只允许保存(　　)d。

　　A. 1~2　　　B. 2~3　　　C. 3~5　　　D. 6~8

（3）用分光光度法测定土壤中砷量时，在样品中加入酸并在电热板上加热，目的是使各种形态存在的砷成为（　　）砷。

　　A. 不可溶态的　　　　　　B. 可溶态的

　　C. 三价的　　　　　　　　D. 五价的

（4）用原子荧光法测定土壤中汞时，若样品中含有大量的有机物，可以适当（　　）。

　　A. 增加硝酸-盐酸混合酸的浓度和用量；

　　B. 对样品进行稀释；

　　C. 减少取样量

（5）由于土壤组成的复杂性和理化性状的差异，重金属在土壤环境中的形态存在多样性，其中以有效态和（　　）的毒性最大。

　　A. 残留态　　　　　　　　B. 结合态

　　C. 交换态　　　　　　　　D. 游离态

2. 简答题

（1）测定土壤中的砷有哪几种方法？（至少列出 3 种方法）

（2）用原子荧光法测定土壤中汞时，如何避免"荧光淬灭"现象的发生？

（3）用冷原子荧光法测定土壤中汞，样品消解时，如何防止汞以氯化物的形式挥发损失？

实训任务九

土壤中有效磷含量的测定
（紫外可见分光光度计法）

一、任务导入

土壤有效磷是土壤中可被植物吸收利用磷的总称，它包括全部水溶性磷、部分吸附态磷、一部分微溶性无机磷和易矿化的有机磷等，只是后二者需要经过一定的转化过程后方能被植物直接吸收。有效磷在化学上的定义是能与磷［32P］进行同位素交换的，或容易被某些化学试剂提取的磷及土壤溶液中的磷酸盐。

土壤有效磷含量是指能被当季作物吸收的磷量。土壤有效磷含量是土壤磷养分供应水平高低的指标，在一定程度上反映了土壤中磷的储量或供应能力。了解土壤中有效磷的供应状况，对于施肥有着直接的意义。土壤中有效磷含量与全磷含量之间虽不是直线相关，但当土壤全磷含量低于 0.03％时，土壤往往表现为缺少有效磷。

通过本任务的学习完成以下目标。

① 熟悉有效磷含量测定的基本原理。

② 掌握紫外可见分光光度计的正确操作步骤。

③ 掌握有效磷含量测定的过程。

④ 正确进行数据处理及分析评价。

二、任务准备

1. 实验仪器

① 紫外可见分光光度计（图 9-1）。

② 石英比色皿（图 9-2）。

③ 恒温往复振荡器，频率在 150～250r/min。

④ 土壤样品粉碎设备。

⑤ 粉碎机。

⑥ 玛瑙研钵。

⑦ 分析天平。

⑧ 20 目尼龙筛。

⑨ 具塞锥形瓶。

⑩ 滤纸。

图 9-1　紫外可见分光光度计

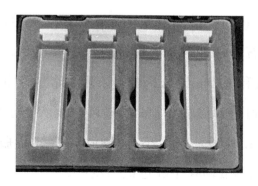

图 9-2　石英比色皿

2. 试剂材料

① 硫酸（1.84g/mL）。

② 硝酸（1.51g/mL）。

③ 冰乙酸（1.049g/mL）。

④ 磷酸二氢钾。取适量磷酸二氢钾于称量瓶中，置于105℃烘干2h，干燥箱内冷却，备用。

⑤ 氢氧化钠溶液：$c(NaOH)=10\%$，称取10g氢氧化钠溶于水中，用水稀释至100mL，储于聚乙烯瓶中。

⑥ 浸提剂：$c(NaHCO_3)=0.5mol/L$。称取42.0g碳酸氢钠溶于约800mL水中，加水稀释至约990mL，用氢氧化钠溶液调节至pH值为8.5（用pH计测定），加水定容至1L，温度控制在25℃±1℃，储存于聚乙烯瓶中，该溶液应在4h内使用。

⑦ 酒石酸锑钾溶液：$\rho[K(SbO)C_4H_4O_6 \cdot \frac{1}{2}H_2O]=5g/L$。称取0.5g酒石酸锑钾溶于100mL水中。

⑧ 钼酸盐溶液：量取153mL硫酸缓慢注入约400mL水中，搅匀，冷却。另取10.0g钼酸铵溶于300mL，约60℃的水中，冷却。然后将该硫酸溶液缓慢注入钼酸铵溶液中，搅匀，再加入100mL酒石酸锑钾溶液，最后用水定容至1L。该溶液中含10g/L钼酸铵和2.75mol/L硫酸。该溶液储存于棕色瓶中。

⑨ 抗坏血酸：称取0.4394g磷酸二氢钾溶于约200mL水中，加入5mL硫酸，然后移至1000mL。容量瓶中，加水定容，混匀。该溶液储存于棕色试剂瓶中。

⑩ 磷标准储备溶液：$\rho(P)=100mg/L$。称取0.4394g磷酸二氢钾溶于约200mL水中，加入5mL硫酸，然后移至1000mL。容量瓶中，加水定容，混匀。该溶液储存于棕色试剂瓶中。

⑪ 磷标准使用液：$\rho(P)=5.00\text{mg/L}$。量取 5.00mL 磷标准储备溶液于 100mL 容量瓶中，用浸提剂稀释至刻度。临用现配。

⑫ 指示剂：2,4-二硝基酚或 2,6-二硝基酚（$C_6H_4N_2O_5$）=0.2%。称取 0.2g 2,4-二硝基酚或 2,6-二硝基酚溶于 100mL 水中，该溶液储存于玻璃瓶中。

3. 安全防护用具

实训服、一次性橡胶手套、口罩和护目镜等。

三、任务执行

1. 实训原理

用 0.5mol/L 碳酸氢钠溶液（pH 值 8.5）浸提土壤中的有效磷。浸提液中的磷与钼锑抗显色剂反应生成磷钼蓝，在波长 880nm 处测量吸光度。在一定浓度范围内，磷的含量与吸光度值符合朗伯-比尔定律。

2. 测定步骤

（1）试料的制备

称取 2.50g 试样，置于干燥的 150mL 具塞锥形瓶中，加入 50.0mL 浸提剂，塞紧，置于恒温往复振荡器上，在 25℃±1℃下以 180～200r/min 的振荡频率振荡 30min±1min，立即用无磷滤纸过滤，滤液应当天进行检测。

（2）校准

分别量取 0、1.00、2.00、3.00、4.00、5.00、6.00mL 磷标准使用液于 7 个 50mL 容量瓶中，用浸提剂加至 10.0mL。分别加水至 15～20mL，再加入 1 滴指示剂，然后逐滴加入硫酸溶液，调至溶液近无色，加入 0.75mL 抗坏血酸溶液，混匀，30s 后加 5mL 钼酸盐溶液，用水定容至 50mL，混匀。此标准系列中磷浓度依次为 0.00、0.10、0.20、0.30、0.40、0.50、0.60mg/L。

将上述容量瓶置于室温下放置 30min（若室温低于 20℃，可在 25～30℃水浴中放置 30min）。用 10mm 比色皿在 880nm 波长处，室温高于 20℃的环境条件下比色，以去离子水为参比，分别测量吸光度。以试剂空白校正吸光度为纵坐标，对应的磷浓度（mg/L）为横坐标，绘制校准曲线。

（3）测定

量取 10.0mL 试液于干燥的 50mL 容量瓶中，然后按照与校准相同操作步骤进行显色和测量。

（4）实验室空白实验

不加入土壤试样，按照（1）、（2）相同操作步骤进行显色和测量。

3. 结果与计算

土壤中有效磷含量的测定见以下公式。

$$\omega = \frac{[(A-A_0)-a] \times V_1 \times 50}{b \times V_2 \times m \times w_{dm}}$$

式中　ω——土壤样品中有效磷的含量，mg/kg；

　　A——试料吸光度值，L/(g·cm)；

　　A_0——空白实训的吸光度值，L/(g·cm)；

　　a——校正曲线的截距；

　　V_1——试样体积，mL；

　　50——显色时定容的体积，mL；

　　b——校正曲线的斜率；

V_2——吸取试样的体积，mL；

m——试样量，2.50g；

w_{dm}——土壤的干物质含量（质量分数），%。

四、任务分析报告

请根据实训任务的过程和结果填表 9-1 的内容。

表 9-1　土壤有效磷的测定任务分析报告

姓名			班级		组别				
实训日期			组员						
称取土样质量 m/g									
试样制备	溶液		体积/mL						
	浸提剂								
	振荡时间/min：			频率/(r/min)：					
土壤中有效磷含量的测定	标准工作曲线配制	磷标准储备液浓度/(μg/L)							
		磷标准使用液浓度/(μg/L)			一次稀释倍数				
		标准溶液配制							
		序号	1	2	3	4	5	6	7
		移取标液体积/mL							
		加浸提剂/mL							
		指示剂/mL							
		硫酸溶液/mL							
		抗坏血酸/mL							
		钼酸盐/mL							
		测定条件	比色皿厚度/mm：			测定波长/nm：			
		浓度/(μg/L)							
		吸光度 A/[L/(g·cm)]							
		标准工作曲线线性方程							

续表

土壤中有效磷含量的测定	样品中有效磷含量的测定	测定次数	1	2	3	备用
		吸光度 $A/[\text{L}/(\text{g}\cdot\text{cm})]$				
		测定浓度 $/(\mu\text{g/L})$				
		土壤中有效磷含量 $/(\text{mg/kg})$				
		土壤中有效磷含量 平均值$/(\text{mg/kg})$				
		实训极差$/\%$				
结果分析						
实训总结与反思						

五、任务评分细则

请根据实训任务的结果进行自我评分、小组评分和教师评分，并将相应的结果填入表 9-2 中。

表 9-2　任务评分细则表

实训名称				姓名		
类别	评价要求	分值	评分细则	自我评分	小组评分	教师评分
任务准备	按时到岗	5	执行任务期间不迟到，不早退，不旷课			
	任务相关物品准备	5	任务相关用具及学习用品准备齐全			
	设备试剂准备	5	实训任务相关试剂、设备准备得当			
	小组分工	5	小组分工明确，主动与成员交流，合作完成任务，小组之间相互帮助			

续表

类别	评价要求	分值	评分细则	自我评分	小组评分	教师评分
任务执行	安全防护用具穿戴整齐	5	按具体实训要求穿戴完整安全防护用具			
	试样(空白)制备	5	样品风干、试剂加入、空白试样制备正确			
	标准系列配置准确	5	吸量管正确操作,吸量管始终竖直,容量瓶试漏、容量瓶摇匀动作准确,标签粘贴及时			
	仪器测量条件设置	10	分光光度计正确预热,联机,正确建立测定方法			
	标准曲线的建立	10	正确建立标准工作曲线,浓度、吸光度数字修约准确,单位记录准确,线性系数 $R^2 \geqslant 0.9998$			
	试样测定	5	仪器调至最佳工作条件启动,测定顺序先标准后样品			
	含量计算	10	计算公式运用正确,计算过程清晰,单位表示及换算正确			
任务完成情况	按时提交任务分析报告	5	任务结束后分析报告各项内容不缺项,结果准确,分析到位			
	任务结束后所涉及物品均完好且归原位	5	采样工具、安全防护用具等实训器材完好,尽数归原位			
	任务完成程度	5	任务全部完成			
	任务总结提交情况	5	工考题及时完成,总结按时提交			
	结果分析	10	实训结果数据处理与分析无误,不随意改数据,编造数据			
共计		100 分	总分			
评价过程中各项占比:自我评分 20%;小组评分 30%;教师评分 50%						
本人姓名		小组成员		教师签字		
任务完成时间:						

直击工考

1. 填空题

（1）不同浓度的同一物质，其吸光度随浓度增大而（　　），但最大吸收波长（　　）。

（2）符合光吸收定律的有色溶液，当溶液浓度增大时，它的最大吸收峰位置不变，摩尔吸光系数（　　）。

（3）为了使分光光度法测定准确，吸光度应控制在一定范围内，可采取措施有（　　）和（　　）。

（4）各种物质都有特征吸收曲线和最大吸收波长，这种特性可作为物质（　　）的依据；同种物质的不同浓度溶液，任一波长处的吸光度随物质的浓度的增加而增大，这是物质（　　）的依据。

（5）朗伯特-比尔定律表达式中的吸光系数在一定条件下是一个常数，它与（　　）、（　　）、（　　）无关。

（6）在分光光度法中，入射光波一般以选择（　　）波长为宜，这是因为（　　）与物质的结构相关。

2. 选择题

（1）摩尔吸光系数很大，则说明（　　）。

　　A. 该物质的浓度很大

　　B. 光通过该物质溶液的光程长

　　C. 该物质对某波长光的吸收能力强

　　D. 测定该物质的方法的灵敏度低。

（2）操作中正确的是（　　）。

　　A. 比色皿外壁有水珠

B. 手捏比色皿的磨光面

C. 手捏比色皿的毛面

D. 用报纸去擦比色皿外壁的水

3. 简答题

（1）土壤中磷的形态有哪几种？有效磷的含义是什么？

（2）土壤中磷元素的分布特征是什么？

（3）分光光度计操作过程中应注意哪些问题？

土壤中有机氯农药残留量的测定
（气相色谱法）

一、任务导入

有机氯农药是用于防治植物病虫害的含有氯元素的有机化合物，主要分为以苯为原料和以环戊二烯为原料制成的两大类。前者如杀虫剂 DDT 和六六六，杀螨剂三氯杀螨砜、三氯杀螨醇，杀菌剂五氯硝基苯、百菌清、道丰宁等；后者如杀虫剂氯丹、七氯、艾氏剂等。此外以松节油为原料的莰烯类杀虫剂、毒杀芬和以萜烯为原料的冰片基氯也属于有机氯农药。

一般分析的有机氯农药都是混合物，不管是用气相色谱法还是用气质联用仪测定，都不具有从混合物中分辨出目标化合物的能力，所以在进检测器前要先利用气相色谱法进行化合物的分离。

通过本任务的学习完成以下目标。

① 熟悉土壤中有机氯农药提取的方法。

② 掌握气相色谱仪的工作原理。

③ 熟悉气相色谱仪的基本结构。

④ 正确测定土壤中有机氯农药的含量。

二、任务准备

1. 实验仪器

① 气相色谱仪（图 10-1）。

② 色谱柱。

③ 冷冻干燥仪。

④ 索氏提取器。

⑤ 旋转蒸发仪。

⑤ 采样瓶。

2. 试剂材料

① 无水硫酸钠。

② 正己烷。

③ 丙酮。

④ 二氯甲烷。

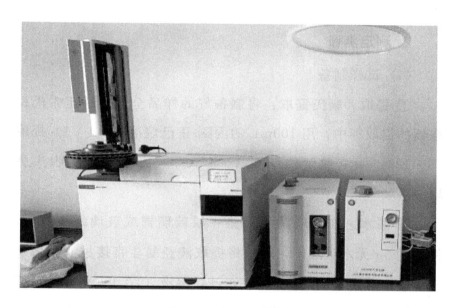

图 10-1　气相色谱仪

⑤ 丙酮-正己烷溶液（1∶1）和（1∶9）。

⑥ 甲苯-乙腈溶液（1∶3）。

⑦ 硅藻土。

⑧ 石英砂。

⑨ 标准溶液（有机氯农药标准储备溶液，$10 \sim 100 mg/L$）。

3. 安全防护用具

实训服、一次性橡胶手套、防毒口罩和护目镜等。

三、任务执行

1. 样品制备

除去样品中的异物（枝棒、叶片、石子等）。同时称取 2 份约 10g（精确至 0.01g）的土壤样品，一份用于干物质含量的测定，另一份加入适量无水硫酸钠，研磨成流砂状，进行脱水。

2. 测定步骤

（1）试样制备

① 提取。索氏提取：将制备好的样品全部转移至索氏提取器的提取杯中，用 100mL 的丙酮-正己烷溶液（1∶1）提取 16～18h，回流速度控制在 3～4 次/h，离心过滤后收集提取液。

② 脱水。在玻璃漏斗上垫一层玻璃棉或玻璃纤维滤膜，铺加约 5g 无水硫酸钠，然后将提取液经漏斗直接过滤到浓缩装置中，再用 5～10mL 丙酮-正己烷溶液（1∶1）充分洗涤盛装提取液的容器，经漏斗过滤到上述浓缩装置中。收集的淋洗液用浓缩装置浓缩到 1mL 以下，加入 20.0μL 内标溶液，定容至 1.0mL，待分析。

③ 浓缩。在 45℃ 以下将脱水后的提取液浓缩到 1mL，待净化。

④ 净化。用约 8mL 正己烷洗涤硅酸镁固相萃取柱，保持硅酸镁固相萃取柱内吸附剂表面浸润。用吸管将浓缩后的提取液转移到硅酸镁固相萃取柱上停留 1min 后，弃去流出液。加入 2mL 丙酮-正己烷溶液（1∶9）并停留 1min，用 10mL 小型

浓缩管接收洗脱液，继续用丙酮-正己烷溶液（1∶9）洗涤小柱，至接收的洗脱液体积到 10mL 为止。

⑤ 净化。将净化后的洗脱液在 45℃ 以下浓缩并定容至 1.0mL，再转移至 2mL 样品瓶中，待分析。

（2）空白试样制备

用石英砂代替样品，按照与试样制备相同的步骤进行空白试样制备。

（3）分析

① 气相色谱参考条件设置。

进样口温度：220℃；

进样方式：不分流进样至 0.75min 后打开分流，分流出口流量为 60mL/min；载气：高纯氮气 2.0m/min，恒流；

尾吹气：高纯氮气 20mL/min；柱温升温程序：初始温度 100℃，以 15℃/min 升温至 220℃，保持 5min，以 15℃/min 升温至 260℃，保持 20min；检测器温度：280℃；进样量：1.0μL。

② 标准曲线建立。分别量取适量的有机氯农药标准使用液，用正己烷稀释，配制标准系列，有机氯农药的质量浓度分别为 5.0、10.0、20.0、50.0、100、200μg/L 和 500μg/L（此为参考浓度）。按仪器条件由低浓度到高浓度依次对标准系列溶液进行进样、检测，记录目标物的保留时间、峰高或峰面积。以标准系列溶液中目标物浓度为横坐标，以其对应的峰高或峰面积为纵坐标，建立标准曲线。

③ 打印标准样品色谱图并粘贴。

④ 试样测定。按照与标准系列的配置与测定相同的条件进行试样测定。

⑤ 空白实训。按前述步骤与条件进行测定。

3. 结果与计算

（1）定性分析

根据目标物的保留时间定性。样品检测前，应建立保留时间窗口 $t \pm 3S$，t 为 72h 内标准系列溶液中某目标物保留时间的平均值，S 为标准系列溶液中某目标物保留时间平均值的标准偏差。当检测样品时，目标物保留时间应在保留时间窗口内。当分析色谱柱上有目标物检出时，须用另一根极性不同的色谱柱辅助定性。目标物在双柱上均检出时，视为检出，否则视为未检出。

（2）定量分析

根据建立的标准曲线，按照目标物的峰面积或峰高，采用外标法定量。

（3）结果计算

土壤样品中目标物的质量浓度 ω_1 计算公式如下：

$$\omega_1 = \frac{\rho V}{m \omega_{dm}}$$

式中 ω_1——土壤样品目标物的浓度，$\mu g/kg$；

　　　ρ——由标准工作曲线计算所得试样中目标物的质量浓度，$\mu g/L$；

　　　V——土壤试样定容体积，mL；

　　　m——称取样品的质量，g；

　　　ω_{dm}——土壤的干物质含量（质量分数），%。

四、任务分析报告

请根据实训任务的过程和结果填表 10-1 的内容。

表 10-1　任务分析报告

姓名		班级		组别		
实训日期		组员				
称取土样质量 m/g						
样品制备	序号	土壤样品 1		土壤样品 2		备用
	称取质量/g					
	无水硫酸钠加入量/g					
试样制备（索氏提取器）	提取		脱水		净化	
	丙酮-正己烷（1:1）加入量/mL		无水硫酸钠加入量		正己烷用量	
	提取时间/min		丙酮-正己烷（1:1）加入量/mL		丙酮-正己烷（1:9）加入量/mL	
	回流速度					
设备条件设置	气相色谱仪					
	进口温度/℃		进样方式			
	载气		尾吹气			
	检测器温度/℃		进样量/mL			
	柱温升温程序					
建立标准曲线	标准储备液浓度/(μg/L)					
	标准使用液浓度/(μg/L)					
	正己烷/μL					
	定容体积/mL					
	标准系列溶液浓度/(μg/L)	5.0	10.0	20.0	50.0	100	200	500
保持时间/min						
峰高						
峰面积						
土壤样品中有机氯农药含量/(μg/kg)						
结果分析						
实训总结与反思						

五、任务评分细则

请根据实训任务的结果进行自我评分、小组评分和教师评分，并将相应的结果填入表 10-2 中。

表 10-2　任务评分细则表

实训名称					姓名		
类别	评价要求	分值	评分细则		自我评分	小组评分	教师评分
任务准备	按时到岗	5	执行任务期间不迟到，不早退，不旷课				
	任务相关物品准备	5	任务相关用具及学习用品准备齐全				
	台面、地面整洁	5	实训任务相关台面、地面保持整洁，无杂物				
	小组分工	5	小组分工明确，主动与成员交流，合作完成任务，小组之间相互帮助				
任务执行	样品制备	5	正确使用电子天平进行称量，加入溶液方式正确；容量瓶正确试漏，正确引流，容量瓶摇匀动作规范；标签记录及时				
	试样制备	10	加入溶液操作正确，参数设置合理				
	标准系列配置	10	标准曲线至少选择 7 个点位；仪器参数设置正确；移液枪正确操作无漏液；配制过程在通风橱内进行，稀释倍数正确				
	试样测定	10	试样测定正确，期间各项防护措施到位				
	数据处理	5	公式理解透彻，应用正确，试样出峰正确				

续表

类别	评价要求	分值	评分细则	自我评分	小组评分	教师评分
任务完成情况	按时提交任务分析报告	5	任务结束后分析报告各项内容不缺项,结果准确,分析到位			
	任务结束后所涉及物品均完好且归原位	5	实训用具、安全防护用具等实训器材完好,尽数归原位,仪器关机等			
	任务完成程度	5	任务全部完成			
	任务总结提交情况	5	工考题及时完成,总结按时提交			
	安全措施	10	本实训药品存在危险,在操作过程中防护用具穿戴整齐,通风设备使用得当,期间不交头接耳			
	结果分析正确	10	曲线、谱图分析无误,不随意更改数据,编造数据			
共计		100分	总分			
评价过程中各项占比:自我评分20%;小组评分30%;教师评分50%						
本人姓名		小组成员		教师签字		
任务完成时间:						

直击工考

1. 选择题

（1）在气相色谱分析中，色谱峰特性与被测物含量成正比的是（　　）。

　　A. 保留时间　　　　B. 保留体积

　　C. 相对保留值　　　D. 峰面积

　　E. 半峰宽

（2）在气相色谱流出曲线上，两峰间距离决定于相应两组分在两相间的（　　　）。

　　　A. 保留值　　　　　　B. 分配系数

　　　C. 扩散速度　　　　　D. 分配比

　　　E. 理论塔板数

（3）气相色谱固定液的选择性可以用（　　　）来衡量。

　　　A. 保留值　　　　　　B. 相对保留值

　　　C. 分配系数　　　　　D. 分离度

　　　E. 理论塔板数

2. 填空题

（1）气相色谱分析是一种分析方法，它的特点是适用于混合多组分混合物的（　　　）和（　　　）。

（2）实训条件恒定时，（　　　）和（　　　）与组分含量成正比。

（3）色谱柱是气相色谱的核心部分，其分为两类：（　　　）和（　　　）。

（4）气相色谱法的定量方法有（　　　）、（　　　）、（　　　）等。

（5）气相色谱法常用的浓度型检测器有（　　　）和（　　　）。

3. 简答题

（1）气相色谱分析用微量注射器进样时，影响进样重复性的因素有哪些？

（2）气相色谱法中，确定色谱柱分离性能好坏的指标是什么？

（3）气相色谱分析中，柱温的选择主要考虑哪些因素？

（4）评价气相色谱检测器性能的主要指标有哪些？

（5）试述气相色谱法的特点。

（6）试说出气相色谱法的局限性。

（7）气相色谱分析基线的定义是什么？

土壤中有机磷类农药残留量的测定
（气相色谱-质谱法）

一、任务导入

有机磷农药一般为硫代磷酸酯类或磷酸酯类化合物，大多呈结晶状或油状，工业品呈棕色或淡黄色，大多有蒜臭味。这类农药除敌百虫、磷胺、甲胺磷、乙酰甲胺磷等易溶于水，其他不溶于水，易溶于有机溶剂如苯、丙酮、乙醚、三氯甲烷及油类。有机磷农药分子结构一般具有容易断裂的化学键，在酸性和中性溶液中较稳定，遇碱易分解破坏，对光、热、氧均较稳定，略具挥发性，遇高热可异构化，加热遇碱可以加速分解。

了解土壤中有机磷的供应状况，对于施肥有着直接的指导意义。土壤中有机磷的测定方法很多，由于提取剂的不同所得结果也不一样。

质谱法可以进行有效的定性分析，但对复杂有机化合物的分析就显得无能为力；而色谱法对有机化合物是一种有效的分离分析方法，特别适合于有机化合物的定量分析，但定性分析则比较困难。

通过本任务的学习完成以下目标。

① 熟悉土壤中有机磷类农药提取的方法。

② 掌握气相色谱-质谱联用仪的工作原理。

③ 熟悉气相色谱-质谱联用仪的基本结构。

④ 正确测定土壤中有机磷类农药。

二、任务准备

1. 实验仪器

① 气相色谱-质谱联用仪（图 11-1）。

② 色谱柱。

③ 冷冻干燥仪。

④ 索氏提取器。

⑤ 旋转蒸发仪。

⑥ 固相萃取设备。

⑦ 棕色广口试剂瓶。

图 11-1　气相色谱-质谱联用仪

2. 试剂材料

① 盐酸。

② 无水硫酸钠。

③ 正己烷。

④ 丙酮。

⑤ 甲苯。

⑥ 乙腈。

⑦ 二氯甲烷。

⑧ 盐酸溶液（1:5）。

⑨ 丙酮-正己烷溶液（1:1）。

⑩ 甲苯-乙腈溶液（1:3）。

⑪ 铜粒。

⑫ 硅藻土。

⑬ 石英砂。

⑭ 标准溶液（有机磷类及杂环类农药标准溶液，500mg/L）。

3. 安全防护用具

实训服、一次性橡胶手套、防毒口罩和护目镜等。

三、任务执行

1. 样品制备

除去样品中的异物（枝棒、叶片、石子等），将样品完全混匀。若样品水分含量较高，应先用冷冻干燥仪干燥。同时称取 2 份约 10g（精确至 0.01g）的样品，一份用于干物质含量的测定，另一份用于提取。使用索氏提取时，加入适量无水硫酸钠，将样品干燥拌匀呈流砂状，备用。使用加压流体萃取法提取时，加入适量硅藻土，装入萃取池中。沉积物样品一份用于测定含水率；另一份用于提取。

2. 测定步骤

（1）试样制备

① 提取。

a. 索氏提取。将制备好的样品全部转移至索氏提取器的提取杯中，用 200mL 的丙酮-正己烷混合液提取 8h，回流速度控制在 4～6 次/h，待冷却后，将提取液浓缩定容至 5mL，待净化。

b. 加压流体萃取。采用丙酮-正己烷混合液（4.9）提取样品，参考条件：压力为 10.34MPa，萃取温度为 120℃，加热时间 5min，静态萃取时间 5min，100％充满萃取池模式，循环萃取 3 次。样品提取液在 4℃ 以下冷藏、避光、密封保存，30d 内完成分析。

②提取液的净化。

a. 凝胶渗透色谱净化。按仪器说明书进行仪器性能检查，确定洗脱液起止时间。净化处理前应确保提取液无悬浊物。将提取液溶剂转化为二氯甲烷相，将 5mL 的提取液装载于凝胶渗透色谱上，按照设定程序用二氯甲烷进行淋洗，也可以用其他适合的溶剂进行淋洗。

收集的淋洗液用浓缩装置浓缩到 1mL 以下，加入 20.0μL 内标溶液，定容至 1.0mL，待分析。

b. 固相萃取柱净化。将提取液继续浓缩至 1.0mL 用于固相萃取柱净化。在石墨化炭黑固相萃取柱中加入 1g 无水硫酸钠，下面串接氨丙基键合硅胶固相萃取柱。使用前用 4mL 甲苯-乙腈混合液预淋洗串联柱。转移样品至净化柱上，用 25mL 甲苯-乙腈混合液淋洗。收集的淋洗液浓缩至 1mL 以下，加入 20.0μL 内标溶液，定容至 1.0mL，待分析。

（2）空白试样制备

用石英砂代替样品，按照与试样制备相同的步骤进行空白试样制备。

（3）分析

①气相色谱参考条件设置。程序升温：40℃保持 1min，以 30℃/min 升温至 130℃，再以 5℃/min 升温至 250℃，再以 10℃/min 升温至 280℃，保持 8min。

进样口温度：270℃；进样方式：分流进样；分流比：10∶1；进样量：1.0μL。

载气：氦气（4.20）；流速：1.4mL/min。

②质谱参考条件设置

离子源：EI 源；

离子源温度：230℃；

接口温度：280℃；

离子化能量：70eV；

扫描方式：选择离子扫描方式（SIM），全扫描方式（SCAN）用于定性参考；

溶剂延迟时间：4.3min。

③ 有机磷类和杂环类农药标准溶液系列配制与测定。

取 5 个 2mL 进样瓶，分别加入 960、940、880、830μL 和 780μL 正己烷或二氯甲烷，再分别加入 20.0、40.0、100、150、200μL 标准溶液（有机磷类和杂环类农药标准溶液），最后分别加入 20.0μL 内标溶液混匀。

④ 建立标准曲线。以目标浓度为横坐标，以其目标物的峰面积和对应内标物峰面积的比值与对应内标物浓度的乘积为纵坐标，建立标准曲线。

⑤ 平均相对响应因子计算。标准系列第 i 点目标物的相对响应因子（RRF_i），按照以下公式计算：

$$RRF_i = \frac{A_i}{A_{IS}} \times \frac{c_{IS}}{c_i}$$

式中　RRF_i——标准系列中第 i 点目标物的相对响应因子；

　　　A_i——标准系列中第 i 点目标物的峰面积；

　　　A_{IS}——内标物的峰面积；

　　　c_{IS}——内标物的浓度，mg/L；

　　　c_i——标准系列中第 i 点目标物的浓度，mg/L。

⑥ 试样测定。按照与标准系列的配置与测定的相同条件进行试样测定。

⑦ 空白实训。按上述步骤与条件进行测定。

3. 结果与计算

（1）定性分析

以样品中目标物的保留时间（RT）、辅助定性离子和定量离子丰度比与标准样品比较来定性。样品中目标化合物的相对保留时间与标准系列溶液中该化合物的相对保留时间的差值应在±0.03以内；样品中目标物的辅助定性离子与定量离子丰度比与标准溶液中辅助定性离子与定量离子丰度比相对偏差应在±30%以内。

（2）定量分析

① 用标准曲线进行计算。当目标物采用标准曲线进行校准时，试样中的目标物浓度通过标准曲线得到。

② 用平均相对响应因子计算。试样中目标物的浓度按照以下公式进行计算：

$$c_i = \frac{A_x \times c_{IS}}{A_{IS} \times RRF}$$

式中 c_i——试样中目标物的浓度，mg/L；

     A_x——目标物的峰面积；

     A_{IS}——内标物的峰面积；

     c_{IS}——内标物的浓度，mg/L；

RRF——目标物的平均相对响应因子。

（3）结果计算

土壤样品中目标物的质量浓度 ω_1 计算公式如下：

$$\omega_{1i} = \frac{c_{1i} \times V_1}{m_1 \times w_{dm}}$$

式中 ω_{1i}——土壤样品中第 i 种目标物的浓度，mg/kg；

c_{1i}——土壤试样中第 i 种目标物的浓度，mg/L；

V_1——土壤试样定容体积，mL；

m_1——土壤试样湿重，g；

w_{dm}——土壤的干物质含量（质量分数），%。

四、任务分析报告

请根据实训任务的过程和结果填表 11-1 的内容。

表 11-1　任务分析报告

姓名			班级		组别	
实训日期			组员			
称取土样质量 m/g						
样品制备	序号		土壤样品 1	土壤样品 2	备用	
	称取质量/g					
	提取方法					
	无水硫酸钠加入量/g					
	硅藻土					
试样制备（索氏提取器）	序号		试样			
	丙酮-正己烷加入量/mL					
	提取时间/min					
	回流速度/(次/h)					
	定容体积/mL					
设备条件设置	气相色谱			质谱		
	程序升温/℃		离子源			
	进样口温度/℃		离子源温度/℃			
	进样方式		接口温度/℃			
	分流比		离子化能量			
	进样量/(g/mL)		扫描方式			
	载气及载气流速/(mL/min)		溶剂延迟时间/s			

114

续表

	序号	1	2	3	4	5
标准系列配置及测定（有机磷类和杂环类农药标准溶液）	有机磷类和杂环类农药标准溶液体积/μL	20.0	40.0	100	150	200
	正己烷/μL	960	940	880	830	780
	内标液体积/μL	20.0	20.0	20.0	20.0	20.0
	定容体积/mL	1.00	1.00	1.00	1.00	1.00
	标准系列溶液浓度/(mg/L)					
RRF						
RRF 平均值						
试样中目标物浓度/(mg/kg)						
结果分析						
实训总结与反思						

五、任务评分细则

请根据实训任务的结果进行自我评分、小组评分和教师评分，并将相应的结果填入表 11-2 中。

表 11-2　任务评分细则表

实训名称				姓名		
类别	评价要求	分值	评分细则	自我评分	小组评分	教师评分
任务准备	按时到岗	5	执行任务期间不迟到，不早退，不旷课			
	任务相关物品准备	5	任务相关用具及学习用品准备齐全			
	台面、地面整洁	5	实训任务相关台面、地面保持整洁,无杂物			
	小组分工	5	小组分工明确,主动与成员交流,合作完成任务,小组之间相互帮助			

类别	评价要求	分值	评分细则	自我评分	小组评分	教师评分
任务执行	样品制备	5	正确使用电子天平进行称量,加入溶液方式正确			
	试样制备	10	加入溶液操作正确,参数设置合理			
	标准系列配制	10	标准曲线至少选择5个点位;仪器参数设置正确;移液枪正确操作无漏液;配制过程在通风橱内进行			
	试样测定	10	试样测定正确,期间各项防护措施到位			
	数据处理	5	公式理解透彻,应用正确,试样出峰正确			
任务完成情况	按时提交任务分析报告	5	任务结束后分析报告各项内容不缺项,结果准确,分析到位			
	任务结束后所涉及物品均完好且归原位	5	实训用具、安全防护用具等实训器材完好,尽数归原位,仪器关机等			
	任务完成程度	5	任务全部完成			
	任务总结提交情况	5	工考题及时完成,总结按时提交			
	安全措施	10	本实训药品存在危险,在操作过程中防护用具穿戴整齐,通风设备使用得当,期间不交头接耳			
	结果分析正确	10	结果分析无误,无随意更改数据、编造数据			
共计		100分	总分			
评价过程中各项占比:自我评分20%;小组评分30%;教师评分50%						

本人姓名		小组成员		教师签字	

任务完成时间:

直击工考

1. 填空题

（1）色谱分析中有两相，其中一相称为（　　），另一相称为（　　），各组分就在两相之间进行分离。

（2）在色谱分析中，用两峰间的距离来表示柱子的（　　），两峰间距离越（　　），则柱子的（　　）越好，组分在固液两相上的（　　）性质相差越大。

（3）气相色谱—质谱联用仪主要包括（　　）、（　　）、（　　）、（　　）、（　　）。

2. 选择题

（1）在质谱仪中当收集正离子的狭缝位置和加速电压固定时，若逐渐增加磁场强度 H，对具有不同质荷比的正离子，其通过狭缝的顺序呈（　　）变化。

　　　　A. 从大到小　B. 从小到大　C. 无规律　　D. 不变

（2）在通常的质谱条件下，（　　）碎片峰不可能出现。

　　　　A. M＋2　　　B. M-2　　　C. M-8　　　　D. M-18

（3）含奇数个氮原子有机化合物，其分子离子的质荷比值为（　　）。

　　　　A. 偶数　　　　　　　　B. 奇数

　　　　C. 不一定　　　　　　　D. 决定于电子数

3. 简答题

（1）本次实训过程中需注意的问题有哪些？

（2）有机农药的提取和分析方法有哪些？

（3）影响有机农药残留性的因素有哪些？对其环境化学行为的影响怎么样？

（4）什么是质谱，质谱分析原理是什么？它有哪些特点？

［1］　HJ 613—2011. 土壤 干物质和水分的测定　重量法.

［2］　HJ 1231—2022. 土壤环境词汇.

［3］　HJ 962—2018. 土壤 pH 值的测定　电位法.

［4］　HJ 832—2017. 土壤和沉积物 金属元素总量的消解 微波消解法.

［5］　HJ 491—2019. 土壤和沉积物 铜、锌、铅、镍、铬的测定 火焰原子吸收分光光度法.

［6］　GB/T 23739—2009. 土壤质量　有效态铅和镉的测定　原子吸收法.

［7］　HJ 680—2013. 土壤和沉积物汞、砷、硒、铋、锑的测定 微波消解/原子荧光法.